西 藏 自 治 区 水 利 厅
西藏自治区发展和改革委员会

西 藏 自 治 区
水利水电设备安装工程
概 算 定 额

U0227483

黄河水利出版社
·郑 州·

图书在版编目(CIP)数据

西藏自治区水利水电设备安装工程概算定额/西藏自治区水利电力规划勘测设计研究院,中水北方勘测设计研究有限责任公司主编. —郑州:黄河水利出版社,2017.2

ISBN 978 - 7 - 5509 - 1698 - 2

Ⅰ.①西… Ⅱ.①西… ②中… Ⅲ.①水利水电工程 – 设备安装 – 建筑概算定额 – 西藏 Ⅳ.①TV512

中国版本图书馆 CIP 数据核字(2017)第 037112 号

出 版 社:黄河水利出版社　　　　　　　网址:www.yrcp.com
　　　　地址:河南省郑州市顺河路黄委会综合楼14层　邮政编码:450003
发行单位:黄河水利出版社
　　　　发行部电话:0371 – 66026940、66020550、66028024、66022620(传真)
　　　　E-mail:hhslcbs@ 126. com
承印单位:河南匠心印刷有限公司
开本:850 mm × 1 168 mm　1/32
印张:4.5
字数:112 千字　　　　　　　　　印数:1—1 000
版次:2017 年 2 月第 1 版　　　　印次:2017 年 2 月第 1 次印刷

定价:120.00 元

西藏自治区水利厅
西藏自治区发展和改革委员会 文件

藏水字〔2017〕27 号

关于发布西藏自治区水利水电建筑工程
概算定额、设备安装工程概算定额、
施工机械台时费定额和工程设计
概(估)算编制规定的通知

各地(市)水利局、发展和改革委员会,各有关单位:

为适应经济社会的快速发展,进一步加强造价管理和完善定额体系,合理确定和有效控制工程投资,自治区水利厅牵头组织编制了《西藏自治区水利水电建筑工程概算定额》、《西藏自治区水利水电设备安装工程概算定额》、《西藏自治区水利水电工程施工机械台时费定额》、《西藏自治区水利水电工程设计概(估)算编制规定》,经审查,现予以发布,自 2017 年 4 月 1 日起执行。《西藏自治区水利建筑工程预算定额》(2003 版)、《西藏自治区水利工程设备安装概算定额》(2003 版)、《西藏自治区水利工程设计概(估)算编制规定》(2003 版)同时废止。本次发布的定额和编制规定由西藏自治区水利厅、西藏自治区发展和改革委员会负责解释。

　　附件:1、西藏自治区水利水电建筑工程概算定额

　　　　2、西藏自治区水利水电设备安装工程概算定额

　　　　3、西藏自治区水利水电工程施工机械台时费定额

　　　　4、西藏自治区水利水电工程设计概(估)算编制规定

西藏自治区水利厅　　　　西藏自治区发展和改革委员会

　　　　　　　　　　　2017 年 3 月 5 日

西藏自治区水利厅办公室　　　　　　2017 年 3 月 5 日印发

主持单位：西藏自治区水利厅
承编单位：西藏自治区水利电力规划勘测设计研究院
　　　　　　中水北方勘测设计研究有限责任公司

定额编制领导小组

组　　　长：罗杰

常务副组长：赵东晓　李克恭　阳辉　何志华　杜雷功

成　　　员：热旦　次旦卓嘎　索朗次仁　王印海
　　　　　　拉巴

定额编制组

组　　长：阳辉

副组长：孙富行　拉巴　李明强　田伟

主要编制人员

戴朝晖　王彩艳　国栋　李青　赵东亮　周磊

目　录

总说明 ……………………………………………………… (1)

第一章　水轮机安装 …………………………………………… (5)

　　说　明 …………………………………………………… (7)

　　一－1　轴流式水轮机 …………………………………… (8)

　　一－2　竖轴混流式水轮机 ……………………………… (9)

　　一－3　横轴混流式水轮机 ……………………………… (10)

　　一－4　贯流式(灯泡式)水轮机 ………………………… (11)

　　一－5　冲击式水轮机 …………………………………… (12)

第二章　水轮发电机安装 ……………………………………… (13)

　　说　明 …………………………………………………… (15)

　　二－1　竖轴水轮发电机 ………………………………… (16)

　　二－2　横轴水轮发电机 ………………………………… (17)

　　二－3　贯流式(灯泡式)水轮发电机 …………………… (18)

第三章　水泵及电动机安装 …………………………………… (19)

　　说　明 …………………………………………………… (21)

　　三－1　竖轴水泵 ………………………………………… (22)

　　三－2　横轴水泵 ………………………………………… (23)

　　三－3　竖轴电动机 ……………………………………… (24)

　　三－4　横轴电动机 ……………………………………… (25)

第四章　主阀安装 ……………………………………………… (27)

　　说　明 …………………………………………………… (29)

　　四－1　蝴蝶阀 ………………………………………… (30)

　　四－2　球阀 …………………………………………… (31)

　　四－3　电动闸阀 ……………………………………… (32)

第五章　水力机械辅助设备安装 ……………………………… (33)

　　说　明 …………………………………………………… (35)

　　五－1　油系统 ………………………………………… (37)

　　五－2　水系统 ………………………………………… (38)

　　五－3　压气系统 ……………………………………… (39)

　　五－4　管路 …………………………………………… (40)

第六章　电气设备安装 ………………………………………… (41)

　　说　明 …………………………………………………… (43)

　　六－1　电气及控制设备 ……………………………… (46)

　　六－2　直流系统 ……………………………………… (47)

　　六－3　电缆敷设 ……………………………………… (48)

　　六－4　母线 …………………………………………… (49)

　　六－5　接地 …………………………………………… (50)

　　六－6　保护网 ………………………………………… (51)

第七章　变电站设备安装 ……………………………………… (53)

　　说　明 …………………………………………………… (55)

　　七－1－1　10kV 三相电力变压器安装 ……………… (58)

　　七－1－2　35kV 三相双圈电力变压器安装 ………… (59)

　　七－1－3　110kV 三相双圈电力变压器安装 ………… (60)

　　七－1－4　110kV 三相三圈电力变压器安装 ………… (61)

　　七－2－1　10kV 三相电力变压器干燥 ……………… (62)

　　七－2－2　35kV 三相双圈电力变压器干燥 ………… (63)

　　七－2－3　110kV 三相双圈电力变压器干燥 ………… (64)

七－2－4　110kV 三相三圈电力变压器干燥 ·········· (65)

七－3－1　SF₆ 全封闭组合电器安装 ········· (66)

七－3－2　高压电气设备 ····················· (67)

七－4　一次拉线 ························· (68)

七－5　柴油发电机安装 ··················· (69)

七－6　集装箱式配电室(箱变)安装 ········· (70)

七－7　杆上变压器安装 ··················· (71)

第八章　通信设备安装 ················· (73)

说　明 ······························ (75)

八－1　载波通信设备 ····················· (76)

八－2　生产调度通信设备 ················· (77)

八－3　生产管理通信设备 ················· (78)

第九章　通风采暖设备安装 ············· (79)

说　明 ······························ (81)

九－1　风机和空调设备 ··················· (82)

九－2　通风管制作安装 ··················· (83)

第十章　起重设备安装 ················· (85)

说　明 ······························ (87)

十－1　桥式起重机 ······················· (90)

十－2　电动葫芦及单轨小车 ··············· (91)

十－3　油压启闭机 ······················· (92)

十－4　卷扬式启闭机 ····················· (93)

十－5　螺杆式启闭机 ····················· (94)

十－6　电梯 ····························· (95)

十－7－1　钢轨轨道 ······················· (96)

十－7－2　I 字钢轨道 ····················· (97)

十－8　滑触线 ··························· (98)

第十一章　闸门安装 …………………………………… (99)

　　说　明 …………………………………………… (101)

　　十一－1　平板焊接闸门 ………………………… (105)

　　十一－2　平板拼接闸门 ………………………… (106)

　　十一－3　弧形闸门 ……………………………… (107)

　　十一－4　单扇船闸闸门 ………………………… (108)

　　十一－5　双扇船闸闸门 ………………………… (109)

　　十一－6　闸门埋设件 …………………………… (110)

　　十一－7　小型铸铁闸门 ………………………… (111)

　　十一－8　闸门压重物 …………………………… (112)

　　十一－9　拦污栅 ………………………………… (113)

　　十一－10　除污机 ……………………………… (114)

　　十一－11　小型金属结构制作安装 …………… (115)

　　十一－12　闸门喷锌 …………………………… (116)

第十二章　压力钢管制作及安装 ……………………… (117)

　　说　明 …………………………………………… (119)

　　十二－1－1　压力钢管一般钢管制作 ………… (120)

　　十二－1－2　压力钢管叉管制作 ……………… (123)

　　十二－2－1　压力钢管一般钢管安装 ………… (126)

　　十二－2－2　压力钢管叉管安装 ……………… (129)

总　说　明

一、《西藏自治区水利水电设备安装工程概算定额》（以下简称本定额）适用于西藏自治区新建、扩建的中小型水利工程设备安装，是编制概算确定工程造价的依据和编制估算指标的基础。

二、本定额包括水轮机、水轮发电机、水泵及电动机、主阀、水力机械辅助设备、电气设备、变电站设备、通信设备、通风采暖设备、起重设备、闸门和压力钢管，共十二章。

三、本定额采用以实物量指标为主和以设备原价为计算基础的安装费率两种形式。

四、本定额的实物消耗量由人工、材料、机械消耗量组成。使用本定额时对不同的地区、施工企业、机械化程度和施工方法等差异因素，除另有说明外，均不做调整。

1. 定额中的人工是指完成该定额子目工作内容所需的人工消耗量。它包括主要用工和辅助用工。

2. 材料是指完成该定额子目内容所需的材料量。由材料、其他材料费和构成实体的装置性材料组成。其他材料费以费率形式表示，其计费基数为材料费合计（不含装置性材料和其他材料费本身）。定额中材料消耗量数值带括号"（ ）"的材料为装置性材料，可由设计选型或调整，定额中已含操作损耗。

3. 机械是指完成该定额子目工作内容所需的施工机械消耗量。它由主要机械和其他机械组成。主要机械以台时数量表示，其他机械以费率表示，按占主要机械（指在定额该子目中已列项的机械）费的百分比列示。

五、本定额中的人工和机械定额包括基本工作、辅助工作、准备与结束、不可避免的中断、必要的休息、工程检查、交接班、班内工作干扰、夜间施工工效影响、常用工具的小修保养、加水加油等全部操作时间在内。人工以"工时"，机械以"台时"为计量单位。

六、本定额除各章说明的主要工作内容外，还包括以下工作和费用：

1. 设备安装前后的开箱、检查、清扫、滤油、注油、刷漆和喷漆工作。

2. 安装现场的水平搬运和垂直搬运。

3. 随设备成套供应的管路及部件的安装。

4. 设备本体试运转、管和罐的水压试验、焊接和安装的质量检查。

5. 电气设备的调整及试验。

6. 现场脚手架、施工平台的搭拆工作及其材料的摊销，专用特殊工具的摊销。

7. 竣工验收移交生产前对设备的维护、检修和调整。

8. 次要的施工过程和工序。

9. 施工准备及完工后的现场清理工作。

七、设备与材料的划分

1. 制造厂成套供货范围的部件、备品备件、设备体腔内定量充填物(如透平油、变压器油、六氟化硫气体等)均作为设备。

2. 不论成套供货、现场加工或零星购置和贮气罐、贮油罐、闸门、盘用仪表、机组本体上的梯子、平台和栏杆等均作为设备，不能因供货来源不同而改变设备性质。

3. 如管道和阀门构成设备本体部件，应作为设备，否则应作为材料。

4. 随设备供应的保护罩、网门等已计入相应设备出厂价格内时，应作为设备，否则应作为材料。

5. 电缆和管道用的支吊架、母线、金具、滑触线和架、屏盘的基础型钢、钢轨、石棉板、穿墙隔板、绝缘子、一般用保护网、罩、门、梯子、平台、栏杆和蓄电池木架等,均作为材料。

八、按设备重量划分子目的定额,当所求设备的重量介于同型号设备子目之间时,相差不足 5% 的不做调整,相差 5% 及以上时,可按插入法使用定额。

九、本定额是以海拔 3500 ~ 4000m 制定的,不足或超过时,按工程所在地的海拔乘以定额高程调整系数计算,见表1。

表1 定额高程系数调整表

海拔	人工定额调整系数	机械定额调整系数
2000 ~ 2500	0.89	0.80
2500 ~ 3000	0.93	0.86
3000 ~ 3500	0.96	0.92
3500 ~ 4000	1.00	1.00
4000 ~ 4500	1.04	1.09
4500 ~ 4750	1.08	1.14
4750 ~ 5000	1.10	1.19
5000 ~ 5250	1.12	1.25
5250 ~ 5500	1.14	1.32
5500 ~ 5750	1.16	1.40
5750 ~ 6000	1.18	1.48

十、定额中一般数字表示的适用范围:

1. 只用一个数字表示的,仅适用于该数字本身。当需要选用的定额介于两子目之间时,可用插入法计算。

2. 数字用上下限表示的,如 2000 ~ 2500,适用于大于 2000、小于或等于 2500 的数字范围。

十一、计算装置性材料价值时,其操作损耗率(本定额括号内者除外)按表2计算。

表2　装置性材料操作损耗率表

序号	材料名称	操作损耗率(%)
1	钢板(齐边)压力钢管直管	5
	压力钢管弯管、叉管、渐变管	15
2	钢板(毛边)压力钢管	17
3	镀锌钢板、通风管	10
4	型钢	5
5	管材及管件	3
6	电力电缆	1
7	控制电缆	1.5
8	母线	2.3
9	裸软导线　铜、铝、钢及钢芯铝线	1.3
10	压接式线夹	2
11	金具	1
12	绝缘子	2
13	塑料制品	5

注:1.电力电缆及控制电缆的损耗率中,未包括预留段长度和敷设时因各种弯曲弧度而增加的长度,这些长度均应计入设计长度中。

　　2.裸软导线的损耗率中已包括因弧垂及因杆位高低而增加的长度,但变电站中的母线、引下线、跳线及设备连接线等弯曲的弧度而增加的长度,均不应以垂弧看待,而应计入基本长度。

第一章

水 轮 机 安 装

说　明

一、本章包括轴流式、竖轴混流式、横轴混流式、贯流式（灯泡式）和冲击式等水轮机安装，共五节。

二、本章定额以"台"为计量单位，按水轮机主机自重选用。

三、主要工作内容

1. 水轮机主机埋设件和本体安装。

2. 水轮机配套供应的管路和部件安装。

3. 调速器、油压装置、自动化元件和过速限制器等辅机安装。

4. 透平油过滤、油化验和注油。

5. 水轮机与发电机的联轴调整。

四、吸出管锥体以下金属护壁的安装和金属蜗壳与主要阀间连接段的安装，可套用本书第十二章内容中的一般钢管制作及安装定额，并乘以 0.5 系数。

一—1 轴流式水轮机

单位：台

项 目	单位	设备自重(t)											
		1	2	3	5	10	15	20	30	40	60	80	100
人工	工时	1052	1313	1653	2399	2970	3314	3981	4831	5767	7569	10167	12354
钢板	kg	67.7	98.2	140.2	205.3	249.4	284.0	342.6	491.7	617.9	840.0	1076.8	1305.2
型钢	kg	105.5	133.9	168.5	272.0	336.5	380.6	431.6	552.3	652.6	824.3	1021.1	1210.1
钢管	kg	14.2	14.2	17.3	22.6	33.1	33.1	34.9	45.4	46.2	61.4	73.5	97.1
铜材	kg				1.6	1.7	1.7	1.9	1.9	2.2	3.0	3.6	4.4
氧气	m³	36.2	47.3	58.8	75.4	104.3	123.2	141.1	163.2	179.6	206.6	234.2	259.4
乙炔气	m³	15.8	20.6	25.6	32.8	45.4	53.6	61.4	71.0	78.1	89.9	101.7	112.7
电焊条	kg	18.1	22.6	28.9	68.0	81.7	95.9	125.7	173.5	218.4	286.3	418.4	486.7
汽油	kg	30.6	43.3	57.5	86.4	104.3	114.8	134.8	160.5	192.8	239.9	326.0	394.8
透平油	kg	3.9	6.7	9.1	18.9	25.2	32.6	43.1	67.2	108.2	210.0	315.0	441.0
油漆	kg	17.2	20.6	27.2	40.4	48.9	56.4	66.4	86.4	101.1	126.5	157.0	179.0
木材	m³	0.1	0.1	0.1	0.3	0.5	0.5	0.6	0.9	1.6	2.1	2.9	3.7
电	kW·h	609	683	998	1386	1806	2100	2678	3381	4200	5754	7896	8736
其他材料费	%	16	16	16	16	16	16	16	16	16	16	16	16
桥式起重机	台时	17.2	21.7	25.5	36.7	46.6	59.0	76.6	113.0	161.9	226.9	325.5	454.7
电焊机 20~30kVA	台时	20.7	25.9	41.5	72.6	91.5	104.0	132.2	171.1	197.0	233.8	298.1	360.4
车床 Φ400~Φ600mm	台时	11.7	15.8	20.5	29.0	34.7	38.4	44.1	49.3	58.3	69.5	87.6	95.9
牛头刨床	台时	16.9	18.5	23.1	27.5	36.3	40.4	47.7	52.9	62.2	78.8	82.7	89.7
摇臂钻床 Φ20~Φ35mm	台时	12.1	13.5	15.6	24.4	32.7	35.0	40.4	40.4	52.9	65.3	58.6	71.6
电动移动空压机 6m³/min	台时				1.3	2.6	2.6	3.9	5.2	6.2	7.3	7.8	10.4
滤油机 压力式	台时	4.1	5.2	6.5	9.1	11.5	14.0	17.6	21.8	28.5	37.3	42.0	44.6
其他机械费	%	15	15	15	16	16	15	15	15	15	15	15	15
定额编号		01001	01002	01003	01004	01005	01006	01007	01008	01009	01010	01011	01012

一一2　竖轴混流式水轮机

单位:台

项目	单位	设备自重(t)										
		1	2	3	5	10	15	20	30	40	50	60
人工	工时	808	986	1255	1976	2830	3343	4193	5282	6546	7784	8886
钢板	kg	32.0	48.8	87.7	120.2	195.8	216.8	266.0	344.7	473.0	612.2	716.1
型钢	kg	72.5	93.5	134.4	244.7	404.8	499.3	654.7	854.2	1104.1	1365.0	1564.5
钢管	kg	17.3	20.8	27.5	39.4	65.6	79.3	105.2	144.1	221.6	302.9	376.4
铜材	kg	2.3	2.4	2.6	3.8	4.6	5.8	7.0	12.0	16.9	22.5	27.2
氧气	m³	17.6	33.1	55.7	74.9	114.8	143.1	173.7	216.2	264.6	314.8	346.3
乙炔气	m³	7.7	14.4	24.3	32.6	50.1	62.3	75.5	94.3	115.1	136.5	150.2
电焊条	kg	14.1	19.4	27.9	48.1	95.9	127.4	172.9	247.0	417.9	580.3	769.3
汽油	kg	12.1	12.1	15.2	23.4	28.7	28.7	35.1	37.7	46.8	57.2	57.2
油漆	kg	16.3	18.7	21.2	26.1	30.7	32.9	36.8	40.4	44.2	48.8	52.0
木材	m³					0.2	0.2	0.2	0.3	0.4	0.4	0.5
电	kW·h	630	735	982	1302	1806	2100	2825	3696	4646	5670	6720
其他材料费	%	21	21	21	21	21	21	21	21	21	21	21
桥式起重机	台时	11.9	14.9	18.3	29.8	42.3	54.2	69.9	103.7	185.2	268.3	321.3
电动移动空压机 6m³/min	台时				1.3	2.6	2.6	3.9	5.2	6.2	7.3	7.3
电焊机 20~30kVA	台时	12.9	18.7	26.5	49.8	73.6	88.1	114.1	155.6	236.4	330.2	400.7
车床 Φ400~Φ600mm	台时	6.5	9.1	13.0	17.0	19.7	20.5	25.9	31.4	39.9	50.6	56.5
牛头刨床	台时	7.8	8.9	12.5	20.6	23.4	25.6	32.1	37.3	48.9	64.0	70.0
摇臂钻床 Φ20~Φ35mm	台时	6.4	8.0	11.0	21.8	28.2	28.9	32.7	34.5	51.5	65.9	75.7
滤油机 压力式	台时	5.2	6.6	7.8	9.1	11.6	13.4	16.5	19.6	24.4	29.2	31.1
其他机械费	%	15	15	15	15	15	15	15	15	15	15	15
定额编号		01013	01014	01015	01016	01017	01018	01019	01020	01021	01022	01023

一—3 横轴混流式水轮机

单位：台

项目	单位	设备自重(t)								
		1	2	3	5	10	15	20	25	30
人工	工时	1007	1272	1504	2084	2738	3149	3886	4147	4553
钢板	kg	81.4	103.4	144.4	195.8	258.8	290.3	350.0	392.0	439.2
型钢	kg	111.8	123.4	146.0	225.2	347.0	396.9	481.4	544.4	612.7
钢管材	kg	14.2	14.2	17.3	22.6	33.1	33.1	45.4	45.4	34.9
铜气	kg	0.8	0.9	1.1	2.2	2.4	2.5	2.9	3.0	3.0
氧气	m³	31.0	38.3	45.2	56.0	68.6	72.8	80.2	82.3	88.6
乙炔气	m³	13.4	16.7	19.6	24.4	29.8	31.7	34.9	35.8	38.5
电焊条	kg	26.5	29.9	38.3	52.8	73.3	79.1	87.9	91.0	93.7
汽油	kg	24.7	29.7	36.6	51.1	66.9	74.9	88.1	93.9	93.9
油漆	kg	15.1	16.4	18.5	22.6	24.8	25.8	29.0	30.5	31.8
木材	m³	0.1	0.1	0.1	0.1	0.1	0.2	0.4	0.5	0.7
电	kW·h	683	814	998	1286	1575	1995	2578	2888	3176
其他材料费	%	25	25	25	25	25	25	25	25	25
桥式起重机	台时	20.7	23.9	28.7	39.9	60.6	83.0	106.9	122.8	149.0
电焊机 20~30kVA	台时	27.0	36.8	46.1	65.9	78.0	84.3	98.5	114.1	132.2
车床 Φ400~Φ600mm	台时	10.1	19.4	27.5	34.7	41.0	46.1	52.4	54.4	53.4
牛头刨床	台时	10.2	13.0	18.1	26.7	37.9	44.1	52.4	54.4	53.9
摇臂钻床 Φ20~Φ35mm	台时	13.0	15.6	18.7	28.5	38.4	41.5	47.2	49.8	49.8
电动移动空压机 6m³/min	台时		1.3	2.6	3.9	7.8	10.4	14.3	14.3	14.3
滤油机 压力式	台时	2.6	2.6	2.6	3.9	3.9	3.9	5.2	5.2	5.2
其他机械费	%	15	15	15	15	15	15	15	15	15
定额编号		01024	01025	01026	01027	01028	01029	01030	01031	01032

一—4 贯流式（灯泡式）水轮机

项目	单位	设备自重(t)								
		5	10	15	20	30	40	60	80	100
人工	工时	2809	3472	4072	4727	5800	6836	9400	12250	14865
钢板	kg	175.9	221.0	272.5	318.5	413.0	502.4	672.0	893.0	1074.2
型钢	kg	370.7	467.8	567.5	631.1	838.4	1009.6	1338.8	1771.9	2123.6
钢管	kg	67.7	89.8	106.6	129.4	155.6	193.2	264.1	351.8	433.1
铜材	kg	1.6	1.7	1.7	1.9	1.9	2.2	3.0	3.6	4.4
氧气	m³	53.9	66.5	83.3	97.0	128.5	157.5	212.9	284.6	343.4
乙炔气	m³	23.9	29.1	36.4	41.9	56.5	68.1	92.4	123.5	149.3
电焊条	kg	78.5	104.3	119.0	157.2	234.4	276.2	344.1	458.3	535.0
汽油	kg	78.0	93.8	102.2	121.2	142.7	172.8	214.7	294.5	358.1
透平油	kg	34.7	42.0	56.7	65.1	91.4	112.4	181.7	273.0	381.2
油漆	kg	47.0	58.3	67.7	79.0	103.7	120.4	151.7	188.5	213.7
木材	m³	0.6	0.8	1.0	1.2	1.6	2.0	2.7	3.7	4.5
电	kW·h	1565	2079	2447	3098	3938	4914	6783	9303	10269
其他材料费	%	23	23	23	23	23	23	23	23	23
桥式起重机	台时	42.1	53.6	69.7	86.8	112.1	146.4	191.7	260.4	335.7
电焊机 20~30kVA	台时	72.6	94.6	107.6	136.9	207.4	238.5	303.8	368.1	461.5
车床 Φ400~Φ600mm	台时	10.9	13.5	14.5	18.7	20.2	25.7	34.7	35.8	43.6
牛头刨床	台时	14.0	17.1	17.6	22.8	23.9	29.0	38.4	40.2	44.6
摇臂钻床 Φ20~Φ35mm	台时	17.6	24.9	27.0	31.6	31.6	43.0	55.0	56.0	77.8
电动移动空压机 6m³/min	台时	1.3	2.6	2.6	3.9	5.2	6.2	7.3	7.8	10.4
滤油机 压力式	台时	10.1	12.2	15.3	18.1	22.8	28.5	38.4	51.3	63.8
其他机械费	%	15	15	15	15	15	15	15	15	15
定额编号		01033	01034	01035	01036	01037	01038	01039	01040	01041

一—5 冲击式水轮机

单位：台

项　　目	单位	设备自重（t）								
		1	2	3	5	10	15	20	30	40
人工	工时	1280	1425	1603	2129	2813	3248	4010	5029	6525
钢板	kg	98.2	119.7	150.7	179.0	248.3	295.6	379.4	430.8	523.4
型钢	kg	118.7	139.7	167.0	249.9	404.8	467.8	570.7	754.4	1009.6
钢管	kg	14.2	14.2	17.3	22.6	33.1	33.1	45.4	45.4	46.2
铜材	kg	5.7	6.0	6.2	7.5	8.0	8.1	8.6	8.7	9.2
氧气	m³	39.2	44.8	51.9	60.0	69.6	75.9	91.4	106.7	119.5
乙炔气	m³	17.0	19.5	22.6	26.0	30.3	33.1	39.8	46.4	52.0
电焊条	kg	25.2	33.0	47.3	63.3	74.9	89.0	104.7	139.9	167.0
汽油	kg	26.3	31.2	38.3	52.8	69.1	77.7	94.9	120.6	151.8
透平油	kg	2.3	3.8	4.9	6.9	11.0	13.8	17.4	22.8	32.0
油漆	kg	10.1	11.2	13.7	18.0	21.3	23.5	27.4	31.1	58.4
木材	m³	0.1	0.1	0.1	0.1	0.2	0.4	0.6	0.8	1.1
电	kW·h	683	761	945	1208	1523	1811	2336	3224	4563
其他材料费	%	23	23	23	23	23	23	23	23	23
桥式起重机	台时	27.3	37.3	41.6	50.3	71.8	97.6	122.0	162.0	227.6
电焊机 20～30kVA	台时	32.7	41.5	51.3	70.5	89.4	105.0	121.8	165.9	165.9
车床 Φ400～Φ600mm	台时	14.3	18.1	22.6	30.6	38.4	43.6	54.4	70.0	105.0
牛头刨床	台时	14.3	16.1	20.9	28.0	35.3	38.4	45.6	49.8	57.6
摇臂钻床 Φ20～Φ35mm	台时	5.7	8.3	10.4	19.2	27.0	28.0	33.4	30.6	41.0
电动移动空压机 6m³/min	台时				1.3	2.6	2.6	3.9	5.2	6.2
滤油机 压力式	台时	2.6	2.6	2.6	3.9	3.9	3.9	5.2	5.2	7.8
其他机械费	%	15	15	15	15	15	15	15	15	15
定额编号		01042	01043	01044	01045	01046	01047	01048	01049	01050

第二章

水轮发电机安装

说　明

　　一、本章包括竖轴水轮发电机、横轴水轮发电机和贯流式(灯泡式)水轮发电机安装,共三节。

　　二、本章定额以"台"为计量单位,按水轮发电机全套设备自重选用。

　　三、主要工作内容

　　1. 基础埋设。

　　2. 发电机主机和辅机安装。

　　3. 发电机配套供应的管路和部件安装。

　　4. 磁极、转子、定子和励磁机等干燥工作。

　　5. 发电机与水轮机联轴前后的检查调整。

　　6. 电气调整、试验。

二—1 竖轴水轮发电机

单位：台

项 目	单位	设 备 自 重（t）												
		1	2	3	5	10	15	20	30	40	50	60	80	100
人工	工时	1436	1831	2770	3322	5461	6613	7512	9422	10574	11371	13281	15443	17692
钢板	kg	20	35	45	75	125	185	235	315	435	530	600	745	955
型钢	kg	40	86	138	230	385	512	633	868	1064	1271	1409	1662	1840
钢管	kg	4	8	10	20	40	65	85	120	175	225	245	300	355
氧气	m³	8	15	28.5	38	76	100	124	166	206	220	250	263	275
乙炔气	m³	3.5	6.5	12.5	16.5	33	44	54	72	90	96	109	114	120
电焊条	kg	4	7.5	11	18	35	45	56	75	85	96	121	160	198
汽油	kg	5	10	14.5	25	49	55	61	70	78	85	110	158	210
油漆	kg	7.5	10	12.5	16.5	23	28	37	43	49	56	65	75	84
玻璃丝带	kg	1	1.6	2.5	4.2	7	8.5	9.5	10.5	12.6	15	17	19	21
木材	m³			0.05	0.1	0.13	0.16	0.21	0.32	0.42	0.53	0.68	1.05	1.42
电	kW·h	470	525	790	1050	1390	1785	2160	2500	2890	3360	3780	5090	6145
其他材料费	%	30	30	30	30	30	30	30	30	30	30	30	30	30
桥式起重机	台时	3.7	5.6	10.8	23.4	54.2	77.1	93.5	116.6	133.2	166.6	193.1	213.3	277.6
汽车起重机 5t	台时					8.4	8.4	9.9	11.4	12.2	15.2	16.7	19.8	21.3
汽油型载重汽车 4.0t	台时				3.8	8.4	9.9	11.4	12.9	15.2	17.5	19.0	22.8	26.6
电焊机 20~30kVA	台时	7.1	11.6	16.1	25.8	64.6	77.5	90.4	103.3	116.2	135.6	148.5	219.6	271.2
车床 Φ400~Φ600mm	台时	2.3	4.6	7.6	12.2	26.6	38.0	45.6	53.2	68.4	79.8	87.4	106.4	121.6
牛头刨床	台时	5.3	6.1	11.4	19.0	31.9	34.2	38.0	39.5	41.8	44.1	53.2	79.8	110.2
摇臂钻床 Φ20~Φ35mm	台时	3.8	9.1	12.2	19.8	41.8	45.6	49.4	57.0	64.6	68.4	77.5	95.7	114.0
其他机械费	%	30	30	30	30	30	30	30	30	30	30	30	30	30
定额编号		02001	02002	02003	02004	02005	02006	02007	02008	02009	02010	02011	02012	02013

二-2 横轴水轮发电机

项目	单位	设备自重(t)								
		1	2	3	5	10	15	20	30	40
人工	工时	1111	1723	1818	2597	3209	3971	5189	6345	7127
钢板	kg	42	74	90	130	240	420	460	800	1070
型钢	kg	95	140	175	235	340	505	580	1000	1260
铜材	kg	0.5	0.7	0.9	1.2	1.8	2.6	3	4	4.5
氧气	m³	16	20	23.5	28	35	41	48	65	82
乙炔气	m³	7	9	10	12	15	18	21	28	36
电焊条	kg	7.5	11	16	23	29	33	40	52	63
汽油	kg	8.5	16	25	36	46	52	57	67	74
透平油	kg	5	7	9	11	14	18	19	23	26
油漆	kg	9.5	13	16	20	25	29	34	46	54
木材	m³	0.02	0.05	0.08	0.1	0.12	0.16	0.21	0.4	0.53
电	kW·h	265	370	450	550	1050	1220	1520	2000	2260
其他材料费	%	25	25	25	25	25	25	25	25	25
桥式起重机	台时	7.0	14.0	20.3	26.2	40.7	50.6	69.3	97.3	119.7
电焊机 20~30kVA	台时	27.3	31.9	35.7	41.8	49.4	53.2	57.0	64.6	72.2
牛头刨床 Φ400~Φ600mm	台时	6.8	11.4	15.2	19.0	31.9	45.6	53.2	64.6	72.2
车床	台时	8.4	13.7	19.0	22.8	31.9	45.6	50.1	62.3	72.2
摇臂钻床 Φ20~Φ35mm	台时	8.4	9.1	12.2	13.7	16.0	21.3	21.3	34.2	49.4
电动移动空压机 6m³/min	台时		3.0	4.6	6.1	8.4	8.4	12.2	16.0	19.0
其他机械费	%	30	30	30	30	30	30	30	30	30
定额编号		02014	02015	02016	02017	02018	02019	02020	02021	02022

二-3 贯流式（灯泡式）水轮发电机

单位:台

项目		单位	设备自重(t)									
			5	10	15	20	30	40	50	60	80	100
人工		工时	2318	3171	3921	4977	7069	8096	9506	11320	13494	15743
钢 板		kg	179	210	252	320	546	714	810	910	1100	1310
型 钢		kg	378	473	600	710	1197	1407	1575	1785	2205	2660
钢 管		kg	25	45	60	83	122	165	200	240	325	400
氧 气		m³	32	42	53	66	90	100	120	137	158	184
乙炔气		m³	14	19	23	29	39	44	53	60	69	80
电焊条		kg	21	32	44	55	78	92	105	126	153	184
汽 油		kg	27	32	37	47	66	71	74	93	115	137
油 漆		kg	21	25	34	39	58	65	74	82	92	100
玻璃丝带		kg	2.1	3.2	3.6	5.8	8.4	10	11.5	13	15	16.8
木 材		m³	0.1	0.21	0.37	0.47	0.63	0.79	0.84	1.05	1.3	1.68
电		kW·h	790	1100	1365	1680	2150	2625	3065	3465	4460	5355
其他材料费		%	25	25	25	25	25	25	25	25	25	25
桥式起重机		台时	25.2	38.4	51.9	64.5	91.2	116.4	141.7	168.3	219.4	272.1
汽油型载重汽车 4.0t		台时	4.6	6.1	6.8	8.4	11.4	13.7	16.0	19.0	24.3	28.9
电焊机 20~30kVA		台时	21.4	34.2	41.0	54.7	76.6	88.4	100.3	120.8	143.6	172.3
车床 Φ400~Φ600mm		台时	28.9	31.9	35.7	40.3	45.6	53.2	59.3	66.1	79.8	92.7
牛头刨床		台时	20.5	24.3	27.3	30.4	36.5	43.3	49.4	56.2	68.4	81.3
摇臂钻床 Φ20~Φ35mm		台时	14.4	16.0	19.0	21.3	26.6	31.9	36.5	41.8	51.7	60.8
电动移动空压机 6m³/min		台时	6.1	8.4	10.6	12.2	16.0	19.8	24.3	27.3	34.9	42.5
其他机械费		%	20	20	20	20	20	20	20	20	20	20
定额编号			02023	02024	02025	02026	02027	02028	02029	02030	02031	02032

第三章

水泵及电动机安装

说　明

一、本章包括竖轴水泵、横轴水泵及其相应的竖轴电动机和横轴电动机安装,共四节。

二、本章定额以"台"为计量单位,按设备自重选用。

三、水泵

1. 不论轴流式、混流式或贯流式泵型,均采用本节定额。本定额按转轮叶片为半调节方式考虑,如系全调节叶片,人工应乘以1.05系数。

2. 主要工作内容

(1)埋设部分(包括冲淤真空阀、泵座等部件)的预埋、与混凝土流道联接的吊座、人孔及止水等部分的埋件安装。

(2)本体(包括全部泵体组件、支承件、止水密封件、调速叶片)安装以及顶车系统等随机供应的附件、器具、测试仪表管路附件的安装。

四、电动机安装的主要工作内容

1. 基础埋设。

2. 电动机及其配套供应的部件安装。

3. 电动机与水泵联轴前后的检查调整。

4. 电气调整、试验。

三－1 竖轴水泵

单位：台

项目	单位	设备自重(t)														
		1	3	5	7	10	15	20	25	30	35	42	48	55	75	100
人工	工时	188	407	741	1112	1639	3670	5293	6113	6932	7204	7743	7752	9309	10701	12102
钢板	kg	31.5	41.0	46.2	49.4	53.6	72.5	99.8	118.7	138.6	157.5	221.6	268.8	368.6	505.1	642.6
型钢	kg	44.1	56.7	65.1	71.4	77.7	120.8	160.7	199.5	231.0	246.8	370.7	448.4	624.8	926.1	1227.5
橡胶板	kg	3.7	5.7	6.8	9.1	11.0	13.7	16.2	17.9	19.4	21.7	24.4	26.3	28.4	32.6	37.8
氧气	m³	5.3	15.8	26.3	35.7	51.5	69.3	81.9	84.0	86.1	88.2	98.7	107.1	151.2	204.8	258.3
乙炔气	m³	2.3	6.8	11.4	15.5	22.4	30.1	35.6	36.5	37.5	38.3	42.9	46.5	65.7	89.0	112.4
电焊条	kg	3.7	8.0	10.5	12.6	15.8	28.4	36.8	43.1	48.3	54.6	64.1	71.4	80.9	105.0	130.2
汽油	kg	5.3	11.3	12.6	16.8	22.1	31.5	41.0	49.4	58.8	67.2	78.8	87.2	98.7	126.0	154.4
油漆	kg	0.2	0.3	0.5	0.7	1.1	1.8	2.0	2.2	2.4	2.6	2.8	3.0	3.3	3.7	4.2
木材	m³			0.2	0.2	0.2	0.5	0.7	0.9	1.2	1.3	1.6	2.1	3.2	3.4	3.7
电	kW·h	42	107	172	245	273	861	1229	1418	1596	1701	1890	2048	2205	3360	4515
其他材料费	%	20	20	20	20	20	20	20	20	20	20	20	20	20	20	20
桥式起重机	台时		15.5	17.7	26.5	35.3	81.7	99.8	101.6	103.8	106.0	114.9	123.7	137.0	194.4	220.9
汽车起重机 汽油5t	台时						12.0	18.3	19.9	21.5	23.9	26.3	27.9	31.9	35.9	39.9
电焊机 20~30kVA	台时	9.6	19.1	23.9	26.8	33.5	47.9	68.0	76.6	86.2	95.7	105.3	124.4	153.2	248.9	354.2
车床 Φ400~Φ600mm	台时	8.4	16.8	22.3	27.9	39.1	58.6	119.5	128.4	134.0	139.6	156.4	167.5	206.6	268.0	279.2
牛头刨床	台时	6.7	8.4	11.2	16.8	19.5	67.0	107.2	111.7	117.3	122.8	139.6	156.4	178.7	228.9	284.8
摇臂钻床 Φ20~Φ35mm	台时	2.8	5.6	8.4	11.2	20.9	83.8	125.1	131.8	138.5	145.2	161.9	178.7	206.6	212.2	212.2
其他机械费	%	15	15	15	15	15	15	15	15	15	15	15	15	15	15	15
定额编号		03001	03002	03003	03004	03005	03006	03007	03008	03009	03010	03011	03012	03013	03014	03015

三—2　横轴水泵

单位：台

项目	单位	设备自重(t)								
		1	3	5	7	10	15	20	25	30
人工	工时	188	407	731	1060	1545	2819	3524	4024	4546
钢板	kg	31.5	47.9	49.4	50.9	53.6	71.8	110.3	131.3	152.3
型钢	kg	35.7	56.2	65.1	74.6	88.2	111.3	134.4	152.3	180.6
氧气	m³	4.2	9.8	14.4	18.9	25.8	37.5	49.4	72.5	73.5
乙炔气	m³	2.4	5.0	6.9	8.8	11.7	16.3	20.9	26.3	30.5
电焊条	kg	3.6	6.2	8.4	10.7	14.1	19.6	25.2	30.5	36.8
汽油	kg	4.3	7.8	10.8	13.9	18.5	26.0	33.6	41.0	49.4
油漆	kg	0.9	1.5	1.7	2.1	2.4	3.4	4.2	7.4	10.5
橡胶板	kg	2.9	4.2	5.3	6.3	7.8	10.2	12.6	14.7	17.9
木材	m³			0.1	0.1	0.2	0.3	0.4	0.5	0.6
电	kW·h	29	105	208	311	466	725	986	1239	1491
其他材料费	%	20	20	20	20	20	20	20	20	20
桥式起重机	台时		14.1	16.3	23.0	31.8	74.7	91.0	107.4	123.7
汽车起重机 汽油5t	台时						9.6	14.4	19.9	23.9
电焊机 20~30kVA	台时	8.6	14.4	18.2	23.0	28.7	39.2	48.8	58.4	68.0
车床 Φ400~Φ600mm	台时	6.7	12.8	17.9	24.0	33.5	46.3	95.5	114.5	134.0
牛头刨床	台时	4.5	6.7	8.9	11.7	15.6	53.6	86.0	106.7	127.3
摇臂钻床 Φ20~Φ35mm	台时	2.2	4.5	7.3	10.1	20.9	68.7	100.0	125.1	150.8
其他机械费	%	15	20	15	15	15	15	15	15	15
定额编号		03016	03017	03018	03019	03020	03021	03022	03023	03024

三－3　竖轴电动机

单位:台

项　目	单位	设备自重(t)														
		1	2	3	5	10	15	18	21	25	30	35	40	45	50	60
人工	工时	683	1066	1339	1801	2471	2744	3082	3544	4162	5202	6489	7523	11704	12810	13590
钢板	kg	4.5	5.5	6.0	7.0	9.0	11.0	12.0	15.0	18.0	21.0	24.0	29.0	43.0	47.0	54.0
型钢	kg	10.5	16.0	21.0	27.0	32.0	37.0	43.0	53.0	63.0	76.0	87.0	100.0	152.0	165.0	189.0
氧气	m³	3.0	5.5	7.5	10.5	16.0	21.0	24.5	30.0	37.0	43.0	50.0	57.0	88.0	95.0	108.0
乙炔气	m³	1.5	2.5	3.0	4.5	7.0	9.0	11.0	13.0	16.0	19.0	21.5	25.0	39.0	41.0	47.0
电焊条	kg	2.0	5.5	8.5	10.5	12.5	16.0	18.0	22.0	27.5	32.5	38.0	43.0	65.0	71.0	81.0
汽油	kg	3.0	5.0	6.5	8.5	10.5	16.0	18.0	22.0	27.5	32.5	38.0	43.0	65.0	70.0	81.0
油漆	kg	2.0	2.5	3.5	5.5	8.5	10.5	12.5	15.0	18.0	21.0	24.0	29.0	43.0	47.0	54.0
木材	m³	0.2	0.2	0.3	0.4	0.6	0.9	1.0	1.3	1.5	1.7	1.9	2.1	3.7	4.0	4.7
电	kW·h	270	370	530	790	1210	1580	1820	2210	2730	3230	3680	4260	6510	7040	8090
其他材料费	%	28	28	28	28	28	28	28	28	28	28	28	28	28	28	28
桥式起重机	台时	5.7	10.8	12.9	16.5	21.6	36.0	38.6	43.7	51.4	59.1	69.4	82.3	131.1	138.9	156.9
电焊机 20～30kVA	台时	4.6	6.4	9.7	12.8	19.1	28.9	30.4	36.5	42.5	48.6	54.7	63.8	102.1	108.5	124.6
车床 Φ400～Φ600mm	台时			8.4	11.4	16.0	31.9	38.0	40.3	49.4	57.0	64.6	72.2	111.7	120.0	136.7
牛头刨床	台时											49.4	57.0	88.1	104.1	121.6
摇臂钻床 Φ20～Φ35mm	台时	8.4	8.4	8.4	16.0	24.3	40.3	45.6	49.4	57.0	64.6	76.0	88.1	144.3	159.5	170.9
电动移动空压机 6m³/min	台时					8.4	8.4	9.1	10.6	12.2	14.4	16.7	19.8	28.1	30.4	34.2
其他机械费	%	30	30	30	30	30	30	30	30	30	30	30	30	30	30	30
定　额　编　号		03025	03026	03027	03028	03029	03030	03031	03032	03033	03034	03035	03036	03037	03038	03039

三－4 横轴电动机

项　目	单位	设备自重(t)										
		1	2	3	5	8	10	15	18	20	25	30
人工	工时	657	813	1287	1463	1918	2308	2633	2829	2959	3511	3804
钢板	kg	30.0	32.0	34.0	38.0	62.0	75.0	110.0	129.0	140.0	158.0	175.0
型钢	kg	42.0	52.0	62.0	73.0	93.0	102.0	125.0	135.0	145.0	163.0	181.0
氧气	m³	3.5	4.5	5.5	7.0	10.0	12.0	16.0	18.5	20.0	24.0	28.0
乙炔气	m³	2.0	2.5	3.0	4.0	5.0	6.0	8.0	9.0	10.0	12.0	14.0
电焊条	kg	3.0	4.5	6.0	8.0	10.0	12.0	15.0	17.0	18.0	21.5	25.0
汽油	kg	4.0	4.5	5.0	6.5	9.5	11.0	15.0	18.0	19.0	23.5	28.0
油漆	kg	1.0	1.5	2.5	4.0	6.0	7.5	10.5	12.0	13.0	16.0	19.0
木材	m³	0.1	0.2	0.2	0.2	0.3	0.4	0.5	0.6	0.7	0.8	1.0
电	kW·h	200	315	440	615	920	1090	1520	1765	1935	2345	2750
其他材料费	%	28	28	28	28	28	28	28	28	28	28	28
桥式起重机	台时	8.7	10.3	11.3	15.4	24.7	29.8	42.2	49.9	54.5	66.9	79.2
电焊机 20~30kVA	台时	3.0	4.6	6.1	8.5	13.1	15.8	21.9	25.2	27.7	33.7	39.8
车床 Φ400~Φ600mm	台时			7.6	11.4	16.0	19.0	26.6	31.1	34.2	41.8	49.4
牛头刨床	台时						7.6	16.7	20.5	25.1	34.9	44.8
摇臂钻床 Φ20~Φ35mm	台时	7.6	8.4	9.9	11.4	19.0	22.8	30.4	37.2	41.8	51.7	62.3
电动移动空压机 6m³/min	台时						7.6	8.4	9.9	9.9	11.4	12.2
其他机械费	%	30	30	30	30	30	30	30	30	30	30	30
定额编号		03040	03041	03042	03043	03044	03045	03046	03047	03048	03049	03050

第四章

主 阀 安 装

说　明

一、本章包括蝴蝶阀、球阀和电动闸阀安装,共三节。

二、本章定额以"台"为计量单位,按阀门直径选用。

蝴蝶阀和球阀定额中已考虑了油压装置的配备方式,使用时不做调整。

三、蝴蝶阀和球阀安装工作主要内容

1. 活门组装。

2. 阀体安装。

3. 伸缩节安装。

4. 操作机构(操作柜、接力器、漏油槽及油泵电机等)及操作管路(不包括系统主干管)安装。

5. 附属设备(旁通阀、旁通管、空气阀和卸荷阀等)安装。

6. 油压装置安装。

7. 电气调整、试验。

四、电动闸阀安装主要工作内容

1. 阀壳及阀体安装。

2. 操作机构安装。

3. 操作管路安装。

4. 附属设备安装。

5. 电气调整、试验。

四－1 蝴蝶阀

项 目	单位	阀门直径(m)									
		0.5	0.6	0.7	0.8	1.0	1.25	1.5	1.75	2.0	2.8
人工	工时	1017	1148	1244	1466	1761	2477	2824	3165	3608	4540
钢板	kg	48	55	66	78	101	137	187	215	240	315
型钢	kg	89	100	116	153	183	210	254	294	310	395
氧气	m³	9.5	11	13	16.5	20	24.5	26.5	30	35	41
乙炔气	m³	4	5	5.5	7.5	9	10.5	12	13	16	18
电焊条	kg	15	17.5	20.5	26	31	40	46	50	54	59
汽焊油	kg	12	14	16	20	25	31.5	36.5	41	47	57
透平油	kg	9.5	11	13	15.5	19	24.5	27	39	35	42
油漆	kg	3	3.5	4	7	7.5	10	12	13	15	18
木材	m³				0.03	0.05	0.05	0.07	0.11	0.21	0.42
电	kW·h	220	250	280	360	420	580	660	840	1000	1230
其他材料费	%	30	30	30	30	30	30	30	30	30	30
桥式起重机	台时	11.6	12.7	12.7	18.0	20.6	28.4	34.4	40.0	49.0	80.4
电焊机 20~30kVA	台时	16.3	16.3	18.8	24.7	31.9	49.4	54.3	62.2	71.1	89.4
牛头刨床 Φ400~Φ600mm	台时	3.8	3.8	4.6	5.3	9.9	16.0	18.2	22.0	26.6	47.1
摇臂钻床 Φ20~Φ35mm	台时	6.8	7.6	8.4	11.4	11.4	16.7	20.5	28.9	34.2	50.1
滤油机 压力式	台时	5.3	6.1	6.8	8.4	9.1	17.5	25.1	33.4	39.5	49.4
载重汽车	台时	4.6	4.6	5.3	6.8	10.6	16.0	19.8	24.3	29.6	41.8
其他机械费	%	25	25	25	25	25	25	25	25	25	25
定额编号		04001	04002	04003	04004	04005	04006	04007	04008	04009	04010

四－2　球阀

单位：台

项目		单位	阀门直径(m)							
			0.35	0.4	0.5	0.65	0.8	1.0	1.3	1.6
人工		工时	767	926	1347	1665	3199	5085	7227	8261
钢板		kg	57	73	107	139	286	474	686	788
型钢		kg	105	130	200	250	476	771	1102	1260
氧气		m³	11.5	14.5	21.5	27.5	55	90	130	149
乙炔气		m³	5	6	9.5	12	24	39	57	65
电焊条		kg	21	27	41	53	108	179	256	295
汽油		kg	9	11	15.5	19.5	38	62	90	102
油漆		kg	6.5	8	11.5	14.5	28.5	46.5	67	125
木材		m³	0.05	0.06	0.09	0.12	0.25	0.43	0.63	0.72
电		kW·h	320	400	550	700	1445	2335	3350	3850
其他材料费		%	30	30	30	30	30	30	30	30
桥式起重机		台时	14.2	16.8	23.6	29.2	48.6	82.3	127.2	145.9
电焊机	20~30kVA	台时	22.2	28.6	43.5	55.8	112.6	185.2	269.1	306.2
车床	Φ400~Φ600mm	台时	6.8	8.4	12.9	16.7	34.2	57.0	82.8	95.0
牛头刨床		台时	7.6	9.9	14.4	18.2	37.2	59.3	88.1	98.8
摇臂钻床	Φ20~Φ35mm	台时	12.2	16.0	23.6	31.1	66.1	110.2	161.1	184.6
其他机械费		%	25	25	25	25	25	25	25	25
定额编号			04011	04012	04013	04014	04015	04016	04017	04018

四－3 电动闸阀

单位:台

项目	单位	阀门直径(m)					
		0.4	0.5	0.6	0.8	1.0	1.2
人工	工时	236	358	466	965	1451	1822
钢板	kg	10	16	26	38	50	63
型钢	kg	25	40	69	100	115	154
氧气	m³	2.5	4	6.5	9	10.5	13
乙炔气	m³	1	1.5	3	4	4.5	6
电焊条	kg	5	9.5	16	20	22	24
汽油	kg	6	10	16	19	23	26
黄油	kg	7.5	12	21	26	32	39
油漆	kg	3.5	6	10	14	18	24
木材	m³					0.05	0.05
电	kW·h	110	180	300	440	580	650
其他材料费	%	30	30	30	30	30	30
桥式起重机 20~30kVA	台时	1.9	3.7	6.0	9.7	13.8	17.6
电焊机 Φ400~Φ600mm	台时	5.4	9.4	15.8	18.3	20.7	26.2
车床	台时	1.5	2.3	3.8	5.3	8.4	12.2
牛头刨床	台时	3.0	4.6	8.4	8.4	12.2	16.0
摇臂钻床 Φ20~Φ35mm	台时	3.8	6.8	12.2	16.0	19.8	24.3
其他机械费	%	25	25	25	25	25	25
定额编号		04019	04020	04021	04022	04023	04024

第五章

水力机械辅助设备安装

说　明

一、本章包括水力机械辅助设备油系统、水系统、压气系统和管路安装,共四节。

二、水力机械辅助设备

1.包括全厂油、水、压气系统等安装定额。

油、水、压气系统指全厂透平油、绝缘油、技术供水、水力测量、设备消防、设备检修排水、渗漏排水、低压压气和高压压气等系统。

2.定额包括水力机械辅助设备的所有机泵、表计和容器等全部设备安装。油系统、水系统、压气系统以"套"为计量单位。按水轮发电机组单机容量选用。

3.主要工作内容

(1)基础埋设。

(2)机体分解和安装。

(3)配套电动机安装。

(4)附件安装。

(5)单机试运转。

三、管路

1.包括全厂油、水、压气系统管路及机组管路的管子、管子附件和阀门的安装。

管子附件包括弯头、三通、渐变管、法兰、螺栓、接头、支吊架和起重吊环等。

2.本节定额以管子自重"t"为计量单位,包括管子、管子附件和阀门等的全部安装费,按系统名称选用。

3.主要工作内容

(1)管子的煨弯、切割和安装。

（2）管子附件的制作和安装。

（3）阀门和表计安装。

（4）管路试压、除锈和喷漆。

五-1 油 系 统

单位:套

项 目	单位	发电机组单机容量(kW)					
		1250	2500	5000	7500	15000	25000
人 工	工时	530	606	682	758	1010	1465
钢 板	kg	112	125	140	160	225	325
型 钢	kg	68	76	86	97	136	198
氧 气	m³	17	19	21	24	35	50
乙 炔 气	m³	7.5	8	9	10.5	15	22
电 焊 条	kg	13	15	16.5	19	26	38
汽 油	kg	5	6	8	9.5	13	19
电	kW·h	70	85	100	110	140	200
其他材料费	%	25	25	25	25	25	25
桥式起重机	台时	10.8	12.2	13.1	14.5	25.7	37.4
电 焊 机 20~30kVA	台时	31.1	36.5	37.2	39.5	51.7	76.0
牛头刨床	台时	4.6	6.1	6.8	7.6	11.4	15.2
其他机械费	%	10	10	10	10	10	10
定 额 编 号		05001	05002	05003	05004	05005	05006

五－2 水系统

单位:套

项　目	单位	发电机组单机容量(kW)					
		1250	2500	5000	7500	15000	25000
人　工	工时	505	669	1282	1780	2083	2601
钢　板	kg	17	22	40	62	74	93
型　钢	kg	24	30	57	87	105	130
氧　气	m^3	8	10	19	28	35	44
乙　炔　气	m^3	3	4.5	8	12	14.5	19
电　焊　条	kg	3	4	8	12	15	24
汽　油	kg	8.5	12	20	30	43	54
电	kW·h	65	85	160	230	280	350
其他材料费	%	25	25	25	25	25	25
电　焊　机　20~30kVA	台时	5.3	6.8	13.7	20.5	25.8	34.2
车　床　Φ400~Φ600mm	台时	2.3	5.3	13.7	20.5	25.8	32.7
牛头刨床	台时	3.8	9.9	27.3	38.0	51.7	64.6
摇臂钻床　Φ20~Φ35mm	台时		3.8	7.6	11.4	17.5	22.8
其他机械费	%	12	12	12	12	12	12
定额编号		05007	05008	05009	05010	05011	05012

五 – 3　压气系统

项　　目	单位	发电机组单机容量(kW)					
		1250	2500	5000	7500	15000	25000
人　　工	工时	865	1092	1199	1313	1806	2430
钢　　板	kg	38	49	54	59	76	105
型　　钢	kg	18	27	30	32	38	50
氧　　气	m³	1.5	2	3	4	6	8
乙　炔　气	m³	0.5	1	1.5	2	2.5	3.5
电　焊　条	kg	10	13	19	22	32	43
汽　　油	kg	8	9.5	11	12	19	26
油　　漆	kg	4	5	6	9	11	15
木　　材	m³	0.2	0.25	0.3	0.35	0.4	0.55
电	kW·h	120	135	160	190	270	365
其他材料费	%	25	25	25	25	25	25
桥式起重机	台时	0.9	1.9	1.9	1.9	2.3	3.3
汽车起重机　汽油5t	台时	1.5	3.0	3.8	4.6	6.1	7.6
汽油型载重汽车　4.0t	台时	1.5	3.0	3.0	3.8	3.8	5.3
电　焊　机　20~30kVA	台时	19.0	22.0	31.9	38.0	54.7	76.0
牛头刨床	台时	6.1	7.6	9.9	11.4	15.2	20.5
其他机械费	%	12	12	12	12	12	12
定　额　编　号		05013	05014	05015	05016	05017	05018

五-4 管路

项 目	单位	管 路 重 量(t)		
		油 系 统	水 系 统	压 气 系 统
人　工	工时	960	726	1010
型　钢	kg	180	155	180
氧　气	m³	33	28	33
乙　炔　气	m³	15	12	15
电　焊　条	kg	11	9	11
汽　油	kg	53	44	53
机　油	kg	9	5	9
油　漆	kg	12.5	8.5	12.5
石棉橡胶板	kg	4.5	4	4.5
其他材料费	%	25	25	25
钢　管	t	(1.03)	(1.03)	(1.03)
管路附件	kg	(361.00)	(309.00)	(361.00)
电焊机 20~30kVA	台时	27.3	21.3	27.3
弯管机 7kW	台时	68.4	41.8	68.4
试压泵 手动	台时	34.2	25.1	34.2
电动空压机 0.6m³/min	台时	8.4	6.8	8.4
其他机械费	%	10	10	10
定 额 编 号		05019	05020	05021

第六章

电气设备安装

说　明

一、本章包括电气及控制设备、直流系统、电缆、母线、接地和保护网安装,共六节,其中 1 至 2 节设备安装定额以"项"为计量单位。

二、发电电压设备

1. 本节定额包括发电机中性点设备安装和设备的连接,发电机定子主引出线至主变压器低压套管间的电气设备及高压开关柜柜顶母线的安装,分支线电气设备以及随发电机供应的电流互感器、电压互感器等设备的安装。

2. 主要工作内容

(1)基础埋设。

(2)设备本体及附件的安装、调整、试验和接地。

(3)设备支架制作、安装和接地。

(4)穿墙板、间隔板及其框架的制作、安装、油漆及接地。

三、控制保护设备

1. 本节定额包括发电厂和变电站的各种控制屏、集控台、继电器屏、保护屏、表计屏、边屏和其他二次屏(台)等安装。

2. 主要工作内容

(1)基础埋设。

(2)设备本体及附件的安装、调整、试验。

(3)安装过程中补充的少量元件、器具配装和少数改配线。

(4)端子箱安装。

四、直流系统

1. 本节定额包括铅酸、碱性蓄电池、充电设备、浮充电设备和直流屏等安装。

2.主要工作内容

（1）基础埋设。

（2）设备本体安装、调整、试验和接地。

（3）蓄电池放酸、充电和放电、再充电。

（4）母线和绝缘子安装,母线支架和穿墙板制作及安装。

五、厂用电系统

1.本节定额包括厂用电和厂坝区用电系统所用的电力变压器、高、低压开关柜(屏)的安装和照明屏盘、动力柜(屏)、配电箱、启动器等设备安装。

2.主要工作内容

（1）基础埋设,支架件的制作及安装。

（2）设备本体及附件安装、调整、试验和接地。

（3）设备的油过滤、油化验和注油。

（4）高、低压开关柜(屏)上配套母线、母线过桥和绝缘子等安装。

六、电气试验设备

本节定额包括全厂电气试验设备的安装、调整、试验和动力用电设施的安装。

七、电缆

1.本节定额包括控制电缆,10kV及以下的电力电缆敷设。不包括通信电缆。本节定额以"km"为计量单位。

2.电缆敷设主要工作内容

（1）电缆敷设和耐压试验。

（2）控制电缆和10kV及以下电力电缆的户内外电缆头制作及安装和与设备的连接、电力电缆头的耐压试验。35kV及以上的终端头、中间接头的定额可套用大中型工程概算定额。

（3）电缆管(架)制作及安装,电缆桥架的安装。

八、母线

1.本节定额包括发电电压主母线、所有分支母线的制作及安装。以单线"100m"为计量单位。

2.主要工作内容

（1）基础埋设。

（2）母线及伸缩接头的制作及安装，铜铝过渡接线头安装。

（3）母线支架制作、安装、油漆及接地。

（4）支持绝缘子和穿墙套管的安装和接地。

（5）母线绝缘耐压试验。

钢、铜母线制作安装可套用截面或规格相同的本节定额，人工应乘1.4系数。封闭母线安装可套用截面相等的定额子目。

九、接地

1.本节定额适用于全厂接地或其他独立接地系统的制作及安装，以"t"为计量单位。

2.主要工作内容

（1）厂内外接地干线和支线敷设。

（2）接地极和避雷针的制作及安装。

（3）接地电阻的测量。

（4）挖填土石方工作。

3.本节定额工作内容中不包括设备接地和避雷塔的制作及安装。

十、保护网

1.本节定额以保护网面积"100m²"为计量单位，按外框边尺寸计算。

2.主要工作内容

（1）基础埋设。

（2）网门和门框架，立柱埋设件等制作安装，油漆和接地。

（3）金属网安装。

六－1　电气及控制设备

项　　目	单位	发电电压设备	控制保护设备	厂用电系统	电气试验设备
		项			
合　　　计	%	13.9	6.2	9.5	2.4
其中:人　工　费	%	5.8	2.8	2.6	1.2
材　料　费	%	2.4	0.8	1.8	1.0
装置性材料费	%	4.2	1.8	3.8	
机械使用费	%	1.5	0.8	1.3	0.2
定　额　编　号		06001	06002	06003	06004

六－2 直流系统

单位:项

项　　目	单位	酸性蓄电池(Ah)		碱性蓄电池
		≤300	≤600	
合　　计	%	14.7	11.0	4.0
其中:人 工 费	%	3.5	1.7	0.96
材 料 费	%	7.4	5.5	1.2
装置性材料费	%	3.2	3.4	1.6
机械使用费	%	0.6	0.4	0.24
定 额 编 号		06005	06006	06007

六 –3　电缆敷设

项　　目	单位	电力电缆	控制电缆
人　　工	工时	1182	676
螺　　栓	kg	24.5	16
铜铝接线端子	个	154	
铜接线端子	个	4.3	
裸　铜　线	m	6.5	
控制电缆封头	个		43
电缆吊挂	套	70.6	80
电缆卡子	套	233	234
塑料手套	只	52.6	
其他材料费	%	25	30
电缆钢管	kg	(449)	(195)
电缆桥架	kg	(495)	(215)
电力电缆	m	(1010)	
控制电缆	m		(1015)
汽车起重机　汽油5t	台时	3.8	3.2
汽油型载重汽车　5.0t	台时	3.8	3.2
电焊机　20~30kVA	台时	14.3	6.5
冲剪机　16mm	台时	5.3	2.3
电动空压机　0.6m³/min	台时	7.6	3.8
其他机械费	%	5	5
定　额　编　号		06008	06009

六 - 4 母线

单位:100m

项 目	单位	矩形铝母线(mm²)	
		≤800	>800
人 工	工时	341	581
母 线 金 具	套	71	104
铝 板	kg	9	13.2
铝 焊 条	kg	1.8	2.6
钢 板	kg	56	91
型 钢	kg	252	407
螺 栓	kg	86.6	127
穿 墙 套 管	只	2	3
油 漆	kg	13.4	19.6
其他材料费	%	12	12
矩 形 铝 母 线	m	(102)	(102)
伸 缩 节	套	(3)	(5)
支 持 绝 缘 子	只	(41)	(66)
电 焊 机 20～30kVA	台时	15.4	19.3
氩 弧 焊 机 500A	台时	9.1	11.4
摇 臂 钻 床 Φ20～Φ35mm	台时	7.6	9.1
剪 板 机 6.3×2000mm	台时	1.5	2.3
其他机械费	%	10	10
定额编号		06010	06011

六 –5 接地

项　目	单位	接　地
人　工	工时	574
镀锌钢管	kg	39
氧　气	m³	6
乙炔气	m³	2.6
电焊条	kg	31
螺　栓	kg	7
油　漆	kg	16
其他材料费	%	20
型　钢	kg	(1050)
电焊机　20~30kVA	台时	129.2
摇臂钻床　Φ20~Φ35mm	台时	57.7
其他机械费	%	20
定额编号		06012

六－6 保护网

单位:100m²

项　　目	单位	保护网制作安装
人　　工	工时	790
型　　钢	kg	77
氧　　气	m³	33
乙　炔　气	m³	14.3
电　焊　条	kg	6.6
螺　　栓	kg	22
油　　漆	kg	33
其他材料费	%	10
金　属　网	m²	(110)
型　　钢	kg	(1530)
电　焊　机　20~30kVA	台时	57.0
冲　剪　机　16mm	台时	28.9
电动空压机　0.6m³/min	台时	114.0
定　额　编　号		06013

第七章

变电站设备安装

说　明

一、本章包括电力变压器、电力变压器干燥、高压电气设备、一次拉线、柴油发电机、集装箱式配电室（箱变）、杆上变压器安装，共七节。

本章不包括：

1. 构架或混凝土电杆的组立和构架上铁件制作安装及混凝土基础浇筑。

2. 电站电缆沟的开挖、浇筑和沟内电缆支架的制作安装。

3. 电站控制保护系统和电缆敷设。

4. 电站接地装置及保护网制作安装。

二、电力变压器

1. 本节定额适用于 10～110kV 电压等级主变压器及其附件的安装，以"台"为计量单位，按变压器额定电压等级和容量选用。本节定额亦适用于自耦式电力变压器和带负荷调压变压器的安装。

2. 主要工作内容

（1）变压器本体及附件安装和二次油漆。

（2）变压器油过滤、油化验和注油。

（3）变压器电气调整、试验和瓦斯继电器试验。

3. 变压器如需铺设轨道，按第十章轨道安装定额计算。

4. 水冷式变压器的水冷却器管路安装应另按本书第五章有关定额计算。

三、高压电气设备

（一）SF$_6$ 全封闭组合电器

1. 本节定额包括高压组合电器全套设备安装，按设备电压等级选用,以"每间隔"为计量单位。

2.主要工作内容

(1)设备基础件的安装及特殊接地的埋设。

(2)设备开箱检查、清点、清扫。

(3)设备就位、安装、联接。

(4)设备回路电阻测量、抽真空、氮洗、电气绝缘试验。

(5)密封检查、含水量测定、密封试验。

(6)二次回路检查、操作试验、操作系统安装。

3.未计列基础埋件、高压套管支撑架等材料用量。

(二)高压电气设备

1.本节定额以"项"为计量单位;110kV 按户外开敞式布置,35kV 分户外开敞式和户内封闭式(开关柜式)两种;10kV 适用于开敞式、封闭式或箱式等布置形式。

开敞式包括断路器、隔离开关、互感器、熔断器、避雷器、高频阻波器、耦合电容器、结合滤波器等设备安装;箱式、封闭式包括开关柜安装就位、开关柜上配套母线、母线过桥和绝缘子等安装。

2.主要工作内容

(1)基础埋设和铁件制作安装。

(2)设备本体及附件检查、清扫、安装、调整、试验、刷漆和接地。

(3)设备体腔内的绝缘油过滤、油化验和注油。

四、一次拉线

1.本节定额适用于主变压器至变电站出线架、变电站内母线、母线引下线、设备之间的连接等一次拉线的安装。定额以导线三相长度"100m"为计量单位。

2.主要工作内容

(1)金具及绝缘子安装,耐压试验。

(2)变电站母线、引下线、设备连接线和架空地线等架设。

五、柴油发电机

1. 工作内容包括发电机主、辅机,仪表,管线的安装和试运转等。

2. 机座螺栓按设备带有考虑。

3. 设备基座混凝土浇筑不包括在定额内。

六、集装箱式配电室(箱变)

1. 工作内容包括开箱、检查、安装。

2. 未包括电器及设备干燥、二次喷漆。

3. 设备基座混凝土浇筑不包括在定额内。

七、杆上变压器

1. 工作内容包括变压器吊装固定,接线。

2. 未包括台架铁件、检修平台、防护栏杆制作安装及杆上配电设备安装。

3. 未包括变压器干燥。

七-1-1 10kV 三相电力变压器安装

单位:台

项　　目	单位	额定容量(kVA)							
		≤100	≤250	≤500	≤1000	≤2000	≤3150	≤4000	≤6300
人工	工时	182	260	323	536	638	722	869	959
钢垫板	kg	7	7	7	7	7	9	10	10
型钢	kg	5	6	6	6	6	6	6	6
氧气	m³				2	2	2	2.5	3
乙炔气	m³		1	1.5	0.9	0.9	0.9	1.1	1.3
电焊条	kg	1	2	1.5	1.5	1.5	1.5	1.5	1.5
螺栓	kg	2	2	2	2	2	2	2	2
变压器油	kg	11	15.3	22	41	53	66	71.4	94
滤油纸	张	40	60	80	132	178	229	266	336
汽油	kg	2	2	3	3	3	3	3	3
油漆	kg	2	2.2	2.2	3.1	4.1	4.7	5.2	6.5
电	kW·h	20	25	40	100	100	100	120	120
其他材料费	%	22	22	22	22	22	22	22	22
汽车起重机 汽油5t	台时	1.5	2.3	3.0	4.6	7.6	9.1	10.6	12.2
汽油型载重汽车 5.0t	台时	1.5	1.5	1.5	3.0	3.8	4.6	5.3	6.1
滤油机 压力式	台时	4.6	6.1	6.1	11.4	15.2	19.0	22.8	26.6
电焊机 20~30kVA	台时	2.3	2.3	2.3	2.3	2.3	2.3	2.3	2.3
其他机械费	%	30	30	30	30	30	30	30	30
定额编号		07001	07002	07003	07004	07005	07006	07007	07008

七-1-2 35kV 三相双圈电力变压器安装

单位:台

项 目		单位	额 定 容 量(kVA)							
			≤500	≤1000	≤2000	≤4000	≤6300	≤10000	≤20000	≤31500
人 工		工时	565	887	972	1243	1452	1979	2109	2350
材 料	钢垫板	kg	10	11	11	11	11	11	13	15
	型钢	kg	10	10	10	10	10	10	10	10
	氧气	m³	2	3	3	3	3	3	3	4
	乙炔气	m³	0.9	1.3	1.3	1.3	1.3	1.3	1.3	1.8
	电焊条	kg	2	2.5	2.5	2.5	2.5	2.5	3	3
	变压器油	kg	30	57	66	89	108	136	207	287
	滤纸	张	112	188	244	306	362	442	502	600
	汽油	kg	6	7	7	7	8	10	15	20
	油漆	kg	4	5.2	6	6	8.4	9	11	14.7
	电	kW·h	50	150	150	150	150	200	200	200
	木材	m³	0.15	0.25	0.25	0.25	0.3	0.37	0.37	0.6
	其他材料费	%	22	22	22	22	22	22	22	22
机 械	汽车起重机 5t	台时	5.3	7.6	7.6	9.1	10.6	15.2	19.0	19.0
	汽油型载重汽车 5.0t	台时	3.0	4.6	4.6	7.6	7.6	11.4	15.2	22.8
	滤油机 真空式	台时	3.8	5.3	7.6	13.7	13.7	16.0	24.3	33.4
	滤油机 压力式	台时	15.2	26.6	45.6	57.0	60.8	81.3	136.7	161.8
	电焊机 20~30kVA	台时	3.0	3.0	3.0	3.0	3.0	3.0	4.6	4.6
	其他机械费	%	30	30	30	30	30	30	30	30
定 额 编 号			07009	07010	07011	07012	07013	07014	07015	07016

七 -1 -3 110kV 三相双圈电力变压器安装

单位:台

项 目	单位	额 定 容 量(kVA)			
		≤6300	≤10000	≤20000	≤31500
人 工	工时	1931	2326	2528	2805
钢 垫 板	kg	15	15	15	15
型 钢	kg	15	15	15	15
氧 气	m³	4	4	4	4
乙 炔 气	m³	1.7	1.7	1.7	1.7
电 焊 条	kg	5	5	5	5
螺 栓	kg	5	5	5	5
汽 油	kg	10	12	15	20
变 压 器 油	kg	142	170	198	280
油 漆	kg	9	12	15	18
滤 油 纸	张	468	560	662	1000
木 材	m³	0.4	0.48	0.7	0.8
电	kW·h	200	250	250	300
其他材料费	%	22	22	22	22
汽车起重机 汽油5t	台时	19.0	22.8	30.4	41.8
卷 扬 机 5t	台时	15.2	19.0	22.8	22.8
汽油型载重汽车 5.0t	台时	7.6	7.6	7.6	7.6
滤 油 机 真空式	台时	22.8	26.6	34.2	49.4
滤 油 机 压力式	台时	49.4	68.4	88.1	121.6
其他机械费	%	30	30	30	30
定 额 编 号		07017	07018	07019	07020

七-1-4 110kV 三相三圈电力变压器安装

单位:台

项 目	单位	额定容量(kVA)			
		≤6300	≤10000	≤20000	≤31500
人 工	工时	2097	2500	2917	3312
钢 垫 板	kg	20	20	20	20
型 钢	kg	20	20	20	20
氧 气	m³	5	5	6	6
乙 炔 气	m³	2.2	2.2	2.6	2.6
电 焊 条	kg	6	6	6	6
汽 油	kg	12	14	20	25
变 压 器 油	kg	180	225	253	338
螺 栓	kg	6	6	6	6
油 漆	kg	12	13	15	20
滤 油 纸	张	612	760	862	1192
木 材	m³	0.5	0.52	0.6	0.82
电	kW·h	300	350	350	400
其他材料费	%	22	22	22	22
汽车起重机 汽油5t	台时	19.0	22.8	22.8	30.4
卷 扬 机 5t	台时	15.2	19.0	22.8	22.8
汽油型载重汽车 5.0t	台时	7.6	11.4	11.4	15.2
滤 油 机 真空式	台时	30.4	40.3	47.9	61.5
滤 油 机 压力式	台时	68.4	83.6	95.0	121.6
其他机械费	%	30	30	30	30
定 额 编 号		07021	07022	07023	07024

七－2－1 10kV 三相电力变压器干燥

单位：台

项　　目	单位	额定容量（kVA）							
		≤100	≤250	≤500	≤1000	≤2000	≤3150	≤4000	≤6300
人工	工时	69	82	95	189	246	284	316	379
橡皮绝缘线	m	15	15	15	20	30	30	30	33
塑料绝缘线	m			10	15	20	25	30	45
石棉织布	m²	1	1.2	1.3	1.6	2.5	3	3.7	4.2
酚醛层压板	m²			0.1	0.1	0.1	0.1	0.1	0.1
滤油纸	张	54	54	54	54	54	54	54	54
木材	m³		0.05	0.05	0.1	0.2	0.2	0.2	0.2
电	kW·h	100	150	220	300	470	580	690	940
其他材料费	%	22	22	22	22	22	22	22	22
电焊机 20～30kVA	台时							1.5	1.5
真空泵 4.5kW	台时			7.6	9.1	17.5	30.4	38.0	53.2
滤油机 压力式	台时	3.8	3.8	7.6	9.1	11.4	11.4	11.4	11.4
其他机械费	%	30	30	30	30	30	30	30	30
定额编号		07025	07026	07027	07028	07029	07030	07031	07032

七-2-2 35kV 三相双圈电力变压器干燥

单位:台

项目	单位	额定容量（kVA）							
		≤500	≤1000	≤2000	≤4000	≤6300	≤10000	≤20000	≤31500
人工	工时	114	221	329	429	490	631	751	892
橡皮绝缘线	m	20	30	40	52	52	52	54	54
塑料绝缘线	m	15	20	30	45	45	45	60	60
石棉织布	m²	2	2.5	4	5	5	6.5	8	9
酚醛层压板	m²	0.1	0.1	0.1	0.1	0.1	0.1	0.1	0.1
滤油纸	张	40	54	54	54	54	54	60	60
木材	m³	0.1	0.1	0.15	0.15	0.16	0.18	0.2	0.2
电	kW·h	300	490	740	1090	1200	1500	1900	3660
其他材料费	%	22	22	22	22	22	22	22	22
电焊机 20~30kVA	台时			2.3	2.3	3.0	3.0	3.0	3.8
真空泵 4.5kW	台时			49.4	91.2	125.4	136.7	148.1	167.1
滤油机 压力式	台时	11.4	15.2	7.6	9.1	11.4	12.9	13.7	18.2
其他机械费	%	30	30	30	30	30	30	30	30
定额编号		07033	07034	07035	07036	07037	07038	07039	07040

七-2-3 110kV三相双圈电力变压器干燥

单位:台

项　目	单位	额 定 容 量(kVA)			
		≤6300	≤10000	≤20000	≤31500
人　工	工时	868	986	1160	1278
橡皮绝缘线	m	52	52	60	60
塑料绝缘线	m	60	60	90	90
石棉织布	m²	6.5	7	8	9
酚醛层压板	m²	0.1	0.1	0.1	0.1
滤油纸	张	65	65	65	65
木　材	m³	0.20	0.22	0.25	0.25
电	kW·h	2050	2800	3600	4720
其他材料费	%	22	22	22	22
电焊机 20~30kVA	台时	1.5	1.5	1.5	2.3
真空泵 4.5kW	台时	121.6	144.3	178.5	197.5
滤油机 真空式	台时	4.6	6.1	6.8	8.4
滤油机 压力式	台时	15.2	15.2	18.2	19.8
其他机械费	%	30	30	30	30
定 额 编 号		07041	07042	07043	07044

七 – 2 – 4　110kV 三相三圈电力变压器干燥

项　目	单位	额 定 容 量(kVA)			
		≤6300	≤10000	≤20000	≤31500
人　工	工时	955	1042	1184	1342
橡皮绝缘线	m	52	52	52	90
塑料绝缘线	m	60	60	60	90
石棉织布	m²	7	8.2	9.5	13
酚醛层压板	m²	0.1	0.1	0.1	0.1
滤油纸	张	69	69	69	69
木　材	m³	0.26	0.28	0.30	0.38
电	kW·h	2500	3300	4120	5900
其他材料费	%	22	22	22	22
电焊机　20～30kVA	台时	2.3	2.3	2.3	2.3
真空泵　4.5kW	台时	136.7	159.5	193.7	216.5
滤油机　真空式	台时	6.8	7.6	8.4	9.9
滤油机　压力式	台时	15.2	17.5	19.8	22.8
其他机械费	%	30	30	30	30
定额编号		07045	07046	07047	07048

七-3-1 SF₆全封闭组合电器安装

单位:每间隔

项　　　目	单位	电压(kV)
		110
人　　　工	工时	1580
型　　　钢	kg	102
钢　垫　板	kg	25.5
钢　管　DN40	m	17.9
氧　　　气	m³	4.1
乙　炔　气	m³	2.0
优质细白布	m	25.5
电　焊　条	kg	5.1
油　　　漆	kg	3.1
其他材料费	%	15
汽油型载重汽车　5.0t	台时	19.6
汽车起重机　16t	台时	8.9
桥　机　10t	台时	53.3
真　空　泵　7kW	台时	19.6
弯　管　机　7kW	台时	1.5
电　焊　机　20~30kVA	台时	13.5
SF₆气体回收装置	台时	17.8
空气压缩机　9m³/min	台时	21.4
其他机械费	%	15
定　额　编　号		07049

七－3－2　高压电气设备

单位:项

项　　目	单位	电　　压(kV)			
		10	35 （户外）	35 （户内）	110
合　　计	%	11.2	7.5	5.4	4.8
其中:人　工　费	%	4	2.9	1.4	1.9
材　料　费	%	2.5	1.9	0.6	1.3
装置性材料费	%	2.8	1.1	2.6	0.6
机械使用费	%	1.9	1.6	0.8	1
定额编号		07050	07051	07052	07053

七-4 一次拉线

单位:100m

项　　目	单位	电压(kV) 出线回路	电压(kV) 100m/三相		双串绝缘子 (组/三相)
		≤10	≤35	≤110	另加
人　　工	工时	14	586	653	12
螺　　栓	kg	1	40.3	27.8	
汽　　油	kg		19	15.2	
直角挂板	只	3.1	18.2	12.7	6.1
球头挂环	只	3.1	18.2	12.7	6.1
碗头挂环	只	3.1	18.2	12.7	
耐张线夹	个	3	21	30	3
T型线夹	个	3	33	150	
设备线夹	个	3	120	150	
U型环	只				6.1
二联板	只				6.1
其他材料费	%	26	26	26	
钢芯铝绞线	m		(306)	(306)	
绝缘子	个	(6)	(84)	(240)	(48)
支持绝缘子	只	(3)	(9)	(15)	
汽车起重机　汽油5t	台时		2.3	3.0	0.8
汽油型载重汽车　5.0t	台时		1.5	2.3	
卷扬机　5t	台时		1.5	2.3	0.8
其他机械费	%		30	30	
定额编号		07054	07055	07056	07057

七-5 柴油发电机安装

单位：台

项　目	单位	额定容量（kVA）							
		50	100	200	300	400	500	600	800
人工	工时	79	97	145	186	208	338	362	431
钢垫板	kg	6.2	6.2	7.0	8.5	9.3	21.2	21.5	22.6
电焊条	kg	0.2	0.2	0.3	0.3	0.3	0.6	0.6	0.7
机油	kg	0.5	0.6	0.6	0.7	0.7	1.1	1.2	1.5
煤油	kg	1.5	1.7	2.1	2.4	2.5	3.4	3.6	4.1
柴油	kg	3.7	19.0	45.5	51.7	56.9	75.7	78.0	84.7
黄油	kg	0.2	0.2	0.2	0.2	0.2	0.3	0.3	0.3
木材	m^3	0.01	0.01	0.02	0.02	0.02	0.04	0.04	0.05
橡胶板	kg						0.03	0.03	0.05
其他材料费	%	12	12	12	12	12	12	12	6
汽车起重机 5t	台时	0.3	0.7	1.5	2.0	2.2			
卷扬机 5.0t	台时						18.8	19.9	23.1
电焊机 20~30kVA	台时	0.6	0.6	0.7	0.8	0.8	1.3	1.4	1.7
定额编号		07058	07059	07060	07061	07062	07063	07064	07065

七 −6 集装箱式配电室(箱变)安装

项目	单位	重　　量(t)	
		≤6	≤10
人　　工	工时	406	451
钢 垫 板	kg	7.3	8.2
电 焊 条	kg	0.2	0.2
铜接线端子	个	29	31
油　　漆	kg	0.3	0.3
焊 锡 丝	kg	0.4	0.4
电力复合脂	kg	0.3	0.3
塑 料 软 管	kg	4.6	5.1
异型塑料管	m	16.5	18.4
塑 料 带	kg	1.7	1.9
胶 木 线 夹	个	26	29
镀锌精制带帽螺栓　M10×100	10套	3.5	3.9
其他材料费	%	5	5
汽车起重机　16t	台时	2.1	
汽车起重机　30t	台时		2.1
汽车拖车头　10t	台时	1.4	
平板挂车　10t	台时	1.4	
汽车拖车头　20t	台时		1.4
平板挂车　20t	台时		1.4
电 焊 机　20~30kVA	台时	2.0	2.3
其他机械费	%	10	10
定　额　编　号		07066	07067

七 –7　杆上变压器安装

单位:台

项　　目	单位	额 定 容 量(kVA)			
		50	100	180	320
人　　工	工时	68	79	104	130
钢 垫 板	kg	4.2	4.2	4.2	4.2
镀锌圆钢	kg	4.1	4.1	4.1	4.1
带帽螺栓　M16×100	kg	0.4	0.4	0.4	0.4
镀锌铁丝	kg	1.0	1.0	1.0	1.0
汽　　油	kg	0.2	0.2	0.2	0.2
油　　漆	kg	0.7	0.9	1.3	1.6
电力复合脂	kg	0.1	0.1	0.1	0.1
其他材料费	%	6	5	5	5
汽车起重机　汽油5t	台时	4.9	4.9	4.9	4.9
定 额 编 号		07068	07069	07070	07071

第八章

通信设备安装

说　明

一、本章包括载波通信、生产调度通信、生产管理通信,共三节。

本章定额以"套(台)"为计量单位,包括所有设备、器具、附件和装置性材料的安装。

二、载波通信设备

本节定额按电力线电压等级和载波机台数选用。

"第一台"与"连续一台"子目的区别在于"第一台"子目内包括了几台共用的电源设备。当载波通信有两种不同的电压等级时,应按高的电压等级采用"第一台"子目,其余各台均按各该电压等级的"连续一台"子目计算。

主要工作内容包括设备及器具的安装、调整和试验。高频阻波器、耦合电容器和结合滤波器等设备及其附件的安装已包括在本册第七章第 3 节高压电气设备安装定额内。

三、生产调度通信设备

本节定额按调度电话总机容量选用子目。

主要工作内容包括调度电话总机、电话分机、电源设备、保安配线架、铃流发生器、分路滤波器、极化分离器和天线等设备的安装、调整、试验,以及分机线路敷设和管路埋设等。

四、生产管理通信设备

本节定额适用于步进制和纵横制自动交换机设备的安装,按程控交换机容量选用。

主要工作内容包括自动电话交换机、电话分机、电源设备、配线设备、辅助信号箱、试验仪表等设备的安装、调整、试验,以及分机线路敷设与管路埋设等。

八－1 载波通信设备

项　目	单位	电　压(kV)			
		35		110	
		第一台	连续一台	第一台	连续一台
人　工	工时	304	288	510	471
钢　垫　板	kg	2	1.5	4	2
型　钢	kg	7.7	6.2	8.7	6.7
膨胀螺栓	套	4	4	4	4
螺　栓	kg	1.6	1	2.4	1.8
电　焊　条	kg	0.8	0.6	1	0.8
焊　锡	kg	0.2	0.2	0.4	0.4
汽　油	kg	1	1	1	1
油　漆	kg	0.6	0.3	1	1
其他材料费	%	27	27	27	27
高频电缆	m	(100)	(100)	(130)	(130)
电源电缆	m	(60)		(60)	
镀锌铁件	kg	(100)	(70)	(100)	(70)
镀锌钢管	kg	(96)	(77)	(96)	(96)
汽车起重机　柴油8t	台时	0.8		0.8	
汽油型载重汽车　5.0t	台时	0.8		0.8	
电焊机　20~30kVA	台时	3.8	3.0	4.6	3.8
其他机械费	%	20	20	20	20
定额编号		08001	08002	08003	08004

八 – 2　生产调度通信设备

单位:台

项　　目	单位	总 机 容 量(门)		
		20	40	60
人　　工	工时	581	751	1023
型　　钢	kg	10	20.2	20.2
膨 胀 螺 栓	套	12	12	12
螺　　栓	kg	2.7	3.2	3.4
塑料绝缘线	m	81	162	222
电　焊　条	kg	1	2	2
焊　　锡	kg	1	1.2	1.7
油　　漆	kg	1.5	1.5	1.5
汽　　油	kg	3	2	4
金 属 软 管	m	30	60	90
纯 硫 酸	kg	3	4	4
其他材料费	%	12	12	12
户内电话线	m	(180)	(360)	(480)
配 线 电 缆	m	(60)	(90)	(120)
出线盒及保安器	套	(20)	(30)	(40)
室内分线盒	只	(3)	(4)	(6)
镀 锌 钢 管	kg	(77)	(100)	(130)
镀 锌 铁 件	kg	(20)	(30)	(50)
电 焊 机　20~30kVA	台时	7.6	7.6	7.6
其他机械费	%	30	30	30
定　额　编　号		08005	08006	08007

八-3 生产管理通信设备

项 目	单位	程控交换机容量(门)		
		≤100	≤200	≤400
人 工	工时	1729	3179	6165
电 话 线	m	102	204	408
塑 料 胀 管	个	2428	4854	9708
半圆头镀锌螺栓	套	2428	4854	9708
镀 锌 铁 线	kg	1	2	3
其他材料费	%	16	16	16
汽油型载重汽车 5.0t	台时	6.2	12.4	15.5
其他机械费	%	20	20	20
定 额 编 号		08008	08009	08010

第九章

通风采暖设备安装

说　明

一、本章包括风机和空调设备安装、通风管制作安装,共两节。

二、风机和空调设备安装

1.本节定额适用于风机、空气冷却器、电加热器、恒湿恒温机、制冷机、窗式空调器等设备的安装。

2.定额以"台(t)"为计量单位。

3.工作内容

(1)基础埋设及机组安装。

(2)设备本体及同座安装。

(3)设备支架制作及安装。

(4)电动机及电气安装。

(5)单机试运转。

三、通风管制作安装

1.本节定额包括通风管的管子和附件的制作及安装,其中塑料管的制作包括胎模具加工。

2.定额以管子自重"t"为计量单位。

3.管子附件包括弯头、三通、法兰、螺栓、接头、支架、吊架、风门、风阀、小型异形管件等。

九-1 风机和空调设备

项　　目	单位	离心通风机	空调设备	窗式空调机
		(t)		(台)
人　　工	工时	220	315	10
钢垫板	kg	15.1	12.6	0.5
螺　　栓	kg	4.2	6.5	0.6
电焊条	kg	1.1	2.1	
汽　　油	kg	4.2	5.3	
油　　漆	kg	3.2	4.2	
黄　　油	kg	2.1	6.3	
其他材料费	%	8	8	30
电焊机　20~30kVA	台时	4.0	8.0	
摇臂钻床　Φ20~Φ35mm	台时	4.0	12.0	
汽油型载重汽车　5.0t	台时	0.8	1.6	
汽车起重机　汽油5t	台时	0.8	1.6	
定额编号		09001	09002	09003

九－2 通风管制作安装

单位:t

项　　　目	单位	镀锌钢板		塑　料　板	
		板　　　厚(mm)			
		≤1	>1	≤5	>5
人　　工	工时	1057	958	2874	2095
钢　　板	t	(1.03)	(1.03)		
型　　钢	kg	115.5	105.0	137.0	115.5
电　焊　条	kg	22.6	38.3		
螺　　栓	kg	37.4	22.7	86.6	63.0
膨胀螺栓	套	127.6	101.3	186.4	147.0
油　　漆	kg	18.9	14.7		
橡胶绝缘板	kg	28.4	22.1		
塑料焊条	kg			106.3	76.7
硬聚氯乙烯板	kg			1281.0	1218.0
软聚氯乙烯板	m²			10.2	5.3
其他材料费	%	2	2	1	1
电　焊　机　20~30kVA	台时	41.9	91.3		
立式钻床　Φ13mm	台时	45.9	33.9	105.3	73.4
摇臂钻床　Φ20~Φ35mm	台时	1.6	1.6	4.8	4.8
车　　床　Φ400~Φ600mm	台时	2.0	2.0		
剪　板　机　6.3×2000m	台时	12.0	8.0		
卷　板　机　20×2000m	台时	8.0	4.0		
电动空压机　0.6m³/min	台时			708.4	420.4
箱式加热炉	台时			106.9	79.8
其他机械费	%	5	5	5	5
定　额　编　号		09004	09005	09006	09007

第十章

起重设备安装

说　明

本章包括桥式起重机、电动葫芦及单轨小车、油压启闭机、卷扬式启闭机、螺轩式启闭机、电梯、轨道和滑触线安装,共八节。

起重机安装定额中不包括轨道和滑触线安装,以及负荷试验所用荷重物的制作。

一、桥式起重机

1. 本节定额中桥式起重机以"台"为计量单位,按主钩起重能力选用;转子起吊如使用平衡梁,桥机安装费按主钩起重能力与平衡梁重量之和选用子目,平衡梁不再单列安装费。

2. 主要工作内容

(1)大车、小车车架与行走和运行机构安装。

(2)起重机构安装、平衡梁安装。

(3)操作室梯子栏杆及其他附件安装。

(4)桥机内部电气设备安装、调整、试验。

(5)轨道阻进器的制作及安装。

(6)空载及负荷试验。

二、电动葫芦及单轨小车

1. 本节定额以"台"为计量单位,按起重能力选用。

2. 主要工作内容

(1)本体及附件的安装。

(2)电动葫芦的电气安装及调整。

(3)空载及负荷试验。

三、油压启闭机

1. 本节定额以"台"为计量单位,按启闭机自重选用。

2. 主要工作内容

（1）基础埋设。

（2）设备本体安装。

（3）附属设备及管路安装。

（4）油系统设备安装及油过滤。

（5）电气设备安装、调整、试验。

（6）机械调整及耐压试验。

（7）与闸门联接及启闭试验。

四、卷扬式启闭机

1. 本节定额以"台"为计量单位，按启闭机自重选用。适用于单节点或双节点启闭机的安装。

2. 主要工作内容

（1）基础埋设。

（2）本体及附件的安装。

（3）电气设备安装、调整、试验。

（4）与闸门联接及启闭试验。

五、螺杆式启闭机

1. 本节定额以"台"为计量单位，按启闭机自重选用。适用于电动、手动及手电两用的螺杆式闸门启闭机安装。

2. 主要工作内容

（1）基础埋设。

（2）本体及附件的安装。

（3）电气设备安装、调整、试验。

（4）与闸门联接及启闭试验。

六、电梯

1. 本节定额以"台"为计量单位，按电梯提升高度选用。适用于拦河坝和厂房电梯的安装。

2. 主要工作内容

（1）基础埋设。

（2）本体及轨道等附件的安装。

（3）升降机械及传动装置安装。

（4）电气设备安装、调整、试验。

（5）与闸门联接及启闭试验

七、轨道

1. 本节定额轨道以"双 10m"（轨道两侧各 10m）、Ⅰ 字钢轨道以"单 10m"为计量单位，按轨道或 Ⅰ 字钢型号选用。适用于起重机和变压器等所用轨道的安装。

2. 主要工作内容

（1）基础埋设。

（2）轨道安装。

（3）附件安装。

八、滑触线

1. 本节定额以"三相 10m"为计量单位，按起重机起重能力选用。适用于移动式起重机滑触线安装。

2. 主要工作内容

（1）基础埋设。

（2）支架及绝缘子安装。

（3）滑触线及附件安装。

（4）连接电缆及轨道接地。

十一 桥式起重机

项 目	单位	起重能力(t)						
		≤5	≤10	≤20	≤30	≤50	≤75	≤100
人 工	工时	1732	2086	2542	3023	3739	4447	5164
钢 板	kg	31.5	52.5	78.8	105.0	157.5	210.0	262.5
氧 气	m³	9.5	12.6	16.8	21.0	26.3	30.5	34.7
乙 炔 气	m³	4.1	5.5	7.4	9.1	11.4	13.2	15.0
电 焊 条	kg	10.5	13.7	16.8	21.0	26.3	31.5	34.7
汽 油	kg	7.8	12.2	17.5	18.0	18.8	23.3	24.7
油 漆	kg	12.6	15.8	17.9	21.0	24.2	26.3	29.4
木 材	m³	0.5	0.5	0.6	0.8	1.1	1.3	1.5
橡皮绝缘线	m	25.2	31.5	31.5	31.5	31.5	31.5	31.5
铜接绝缘线端子	只	14.7	31.5	73.5	100.8	123.9	132.3	201.6
其他材料费	%	30	30	30	30	30	30	30
汽车起重机 柴油8t	台时	4.0	8.0	8.0	8.0	12.0	19.9	23.9
桅杆式起重机 10t	台时	31.9	39.9	47.9	73.4	97.3	122.0	158.7
卷 扬 机 5t	台时	71.8	95.7	111.7	143.6	159.5	175.5	191.4
汽油型载重汽车 5.0t	台时	8.0	8.0	8.0	8.0	17.5	35.1	35.1
电 焊 机 20～30kVA	台时	16.0	19.9	23.9	27.9	31.9	39.9	47.9
电动移动空压机 3m³/min	台时	16.0	19.9	23.9	27.9	31.9	39.9	47.9
其他机械费	%	5	30	5	5	5	5	5
定额编号		10001	10002	10003	10004	10005	10006	10007

十－2 电动葫芦及单轨小车

单位:台

项　　目	单位	电动葫芦				单轨小车	
		起 重 能 力(t)					
		≤1	≤3	≤5	≤10	≤5	≤10
人　　工	工时	75	112	157	261	46	56
汽　　油	kg	0.9	1.1	1.3	1.8	0.5	0.7
黄　　油	kg	1.5	1.5	1.6	1.6	1.4	1.5
油　　漆	kg	1.1	1.5	1.8	2.1	1.1	1.3
木　　材	m³	0.1	0.1	0.1	0.1	0.1	0.1
电	kW·h	20.2	20.2	20.2	20.2		
橡皮绝缘线	m	12.6	12.6	12.6	12.6		
其他材料费	%	15	15	15	15	15	15
汽车起重机　汽油5t	台时	0.8	0.8	1.2	1.6	0.8	0.8
卷　扬　机　5t	台时	8.0	8.0	12.0	16.0	8.0	8.0
汽油型载重汽车　5.0t	台时	0.8	0.8	1.2	1.6	0.8	0.8
其他机械费	%	5	5	5	5	5	5
定　额　编　号		10008	10009	10010	10011	10012	10013

十－3 油压启闭机

项 目	单位	设 备 自 重(t)									
		5	6	7	8	9	10	15	20	25	30
人 工	工时	1675	1966	2265	2512	2804	3153	3809	4450	5098	5746
钢 板	kg	178.5	202.7	217.4	228.9	238.4	241.5	246.8	288.8	309.8	341.3
可调式垫铁	只							4.2	6.3	6.3	8.4
氧 气	m³	9.5	9.5	9.5	9.5	10.5	11.6	12.6	16.8	16.8	18.9
乙 炔 气	m³	4.1	4.1	4.1	4.1	4.5	5.0	5.5	7.4	7.4	8.2
电 焊 条	kg	10.5	11.6	12.6	13.7	14.7	15.8	16.8	17.9	18.9	20.0
汽 油	kg	31.5	31.5	36.8	36.8	42.0	42.0	47.3	47.3	52.5	52.5
油 漆	kg	21.0	21.0	21.0	21.0	21.0	21.0	23.1	23.1	23.1	23.1
木 材	m³	0.6	0.7	0.7	0.7	0.7	0.7	0.7	1.3	1.3	1.5
其他材料费	%	25	25	25	25	25	25	25	25	25	25
桅杆式起重机 10t	台时				40.4	53.8	53.8	93.1	136.6	181.9	227.2
汽车起重机 5t	台时	22.0	22.0	24.2	27.6	27.6	27.6	66.0	105.3	144.8	184.3
卷 扬 机 5t	台时	87.7	105.3	122.8	140.4	157.9	175.5	193.0	210.6	236.9	263.2
电 焊 机 20~30KVA	台时	35.1	39.5	43.9	48.3	52.6	61.4	79.0	87.7	114.1	131.6
滤 油 机 压力式	台时	8.8	8.8	8.8	8.8	8.8	8.8	17.5	17.5	17.5	17.5
其他机械费	%	5	5	5	5	5	5	5	5	5	5
定 额 编 号		10014	10015	10016	10017	10018	10019	10020	10021	10022	10023

十一—4 卷扬式启闭机

项 目	单位	设备自重(t)									
		2	5	10	15	20	25	30	35	40	45
人 工	工时	427	574	927	1222	1526	1829	2092	2264	2428	2584
钢 板	kg	21.0	31.5	52.5	63.0	73.5	89.3	105.0	126.0	147.0	168.0
氧 气	m³	9.5	9.5	15.8	15.8	15.8	18.9	18.9	18.9	18.9	21.0
乙 炔 气	m³	4.1	4.1	6.8	6.8	6.8	8.2	8.2	8.2	8.2	9.1
电 焊 条	kg	3.2	4.2	6.3	6.8	7.4	7.9	8.4	8.9	9.5	10.5
汽 油	kg	3.2	5.3	7.4	9.5	10.5	11.6	12.6	13.7	14.7	15.8
油 漆	kg	4.2	5.3	7.4	8.4	9.5	10.5	11.6	12.6	13.7	14.7
木 材	m³	0.2	0.3	0.4	0.6	0.8	0.9	1.1	1.2	1.3	1.4
其他材料费	%	25	25	25	25	25	25	25	25	25	25
桅杆式起重机 10t	台时	21.1	26.7	43.9	67.3	87.4	107.9	126.4	150.0	173.7	205.3
电 焊 机 20~30kVA	台时	10.5	17.5	26.3	34.2	42.1	52.2	63.2	74.6	89.5	104.4
其他机械费	%	5	5	5	5	5	5	5	5	5	5
定 额 编 号		10024	10025	10026	10027	10028	10029	10030	10031	10032	10033

十－5 螺杆式启闭机

项　　目	单位	设备自重(t)					
		0.5	1	2	3	4	5
人　　工	工时	254	321	380	433	492	552
钢　　板	kg	21.0	26.3	31.5	36.8	42.0	47.3
氧　　气	m³	6.3	6.3	10.5	10.5	11.6	12.6
乙　炔　气	m³	2.7	2.7	4.5	4.5	5.0	5.5
电　焊　条	kg	1.1	1.3	1.6	1.8	2.1	2.6
汽　　油	kg	1.6	1.6	2.1	2.1	2.6	2.6
油　　漆	kg	2.1	2.1	2.6	2.6	3.2	3.2
其他材料费	%	5	5	5	5	5	5
汽车起重机　汽油5t	台时	3.0	3.0	6.1	8.0	12.0	14.4
电　焊　机　20~30kVA	台时	4.0	4.0	8.0	9.6	12.0	16.0
其他机械费	%	5	5	5	5	5	5
定　额　编　号		10034	10035	10036	10037	10038	10039

十－6 电梯

单位:台

项　　　目	单位	提升高度(m)			
		10	20	30	40
人　　　工	工时	3041	3753	4723	5775
钢　垫　板	kg	21.0	27.4	35.7	44.1
钢　　　板	kg	40.4	40.4	40.4	40.4
型　　　钢	kg	16.0	29.1	36.3	43.6
铜　　　材	kg	0.5	0.8	1.3	1.6
螺　　　栓	kg	4.6	6.3	6.8	12.6
氧　　　气	m³	12.6	18.9	25.7	32.6
乙　炔　气	m³	5.5	8.2	11.1	14.2
电　焊　条	kg	21.0	32.4	42.2	52.1
汽　　　油	kg	13.7	21.0	23.6	26.3
油　　　漆	kg	15.2	18.4	23.1	27.8
木　　　材	m³	0.6	0.6	0.6	0.7
电	kW·h	158	263	368	525
其他材料费	%	30	30	30	30
汽车起重机　汽油5t	台时	4.8	8.0	9.6	12.0
卷　扬　机 5t	台时	55.8	87.7	103.7	119.7
汽油型载重汽车　5.0t	台时	4.8	8.0	9.6	12.0
电　焊　机 20~30kVA	台时	79.8	127.6	159.5	191.4
其他机械费	%	5	5	5	5
定　额　编　号		10040	10041	10042	10043

十-7-1 钢轨轨道

单位:双 10m

项 目		单位	轨道型号									
			24kg/m	38kg/m	43kg/m	50kg/m	QU70	QU80	QU100	QU120
人	工	工时	190	244	268	289	316	352	430	507
钢	板	kg	26.3	31.0	33.1	36.8	40.4	52.5	57.8	68.3
型	钢	kg	26.3	26.3	28.0	31.5	34.7	36.8	42.0	47.3
氧	气	m³	6.3	8.0	8.5	9.5	10.4	12.6	15.8	18.9
乙 炔	气	m³	2.7	3.5	3.7	4.1	4.5	5.5	7.1	8.2
电 焊	条	kg	4.2	5.4	5.7	6.3	6.9	8.4	10.5	12.6
其他材料费		%	10	10	10	10	10	10	10	10
汽车起重机 汽油 5t		台时	2.4	2.4	2.4	2.4	2.4	3.2	4.0	4.0
电 机 20~30kVA		台时	10.4	10.4	10.4	10.4	10.4	16.0	17.7	17.7
定额编号			10044	10045	10046	10047	10048	10049	10050	10051

十 – 7 – 2　I 字钢轨道

单位:单 10m

项　　目	单位	轨 道 型 号			
		I_{18}	I_{22}	I_{28}	I_{36}
人　　工	工时	63	72	81	94
钢　　板	kg	3.6	5.1	7.0	11.9
氧　　气	m³	1.4	1.9	2.4	2.8
乙　炔　气	m³	0.6	0.8	1.1	1.3
电　焊　条	kg	2.8	4.1	5.2	8.2
油　　漆	kg	2.9	3.5	4.1	5.0
木　　材	m³	0.1	0.1	0.1	0.1
其他材料费	%	10	10	10	10
电焊机 20~30kVA	台时	4.0	5.7	7.1	11.3
卷扬机 5t	台时	1.8	2.0	2.2	2.5
压　力　机	台时	1.1	1.5	1.9	2.5
其他机械费	%	10	10	10	10
定额编号		10052	10053	10054	10055

十-8 滑触线

项　目	单位	起重能力(t)	
		≤50	≤100
人　工	工时	82	104
型　钢	kg	26.3	31.5
氧　气	m³	4.2	5.3
乙炔气	m³	1.8	2.3
电焊条	kg	3.7	5.3
其他材料费	%	15	15
电焊机 20~30kVA	台时	5.3	7.0
摇臂钻床 Φ20-Φ35mm	台时	4.0	4.0
其他机械费	%	10	10
定额编号		10056	10057

第十一章

闸门安装

说　明

一、本章包括平板焊接闸门、平板拼接闸门、弧形闸门、单扇船闸闸门、双扇船闸闸门、闸门埋设件、小型铸铁闸门、闸门压重物、拦污栅、除污机、小型金属结构制作安装及闸门喷锌，共十二节。

二、闸门门叶安装定额中均不包括闸门埋设件及压重物的安装。

三、平板闸门

1. 本节定额适用焊接式和拼接式的平板闸门安装。

2. 主要工作内容

（1）闸门拼装焊接、焊缝透视检验及处理（包括预拼装）。

（2）闸门主行走支承装置（定轮、台车及压合木滑道）安装。

（3）止水装置安装。

（4）焊接闸门的侧、反支承行走轮安装。

（5）拼装闸门在闸槽内组合连接。

（6）闸门吊杆及其他附件安装。

（7）闸门锁定安装。

（8）闸门吊装试验。

3. 定额中对有无充水装置，定轮式滑动式以及门叶节数等项，考虑中小型工程的特点，在编制中未予综合，使用时可按所用各项分别乘以下列系数。

（1）带充水装置的平板闸门（包括充水装置）安装费乘以1.05系数。

（2）闸门超过三节时安装费乘以1.15系数。

（3）滑动式闸门（压合木式除外）安装费乘以0.93系数。

四、弧形闸门

1. 本节定额适用于潜孔式、露顶式或桁架式等弧形闸门的安装。

2. 主要工作内容

(1)闸门铰座安装。

(2)支臂安装。

(3)桁架组合安装。

(4)面板支承梁及面板焊接安装。

(5)止水装置安装。

(6)侧导轮及其他附件安装。

(7)焊缝透视检验及处理。

(8)闸门吊装试验。

3. 本节定额在安装潜孔式及露顶式弧形闸门时不做调整。

(1)门叶节数超过三节的弧形闸门,安装费乘以1.2系数。

(2)在洞内安装闸门,安装费中的人工费乘以1.2系数。

五、船闸闸门

1. 本节定额适用于单扇及双扇船闸闸门安装。

2. 主要工作内容

(1)闸门门叶组合焊接安装,焊缝透视检验及处理。

(2)底枢装置及顶枢装置安装。

(3)闸门行走支承装置组合安装。

(4)止水装置安装。

(5)闸门附件安装。

六、闸门埋设件

1. 本节定额适用于平板闸门、弧形闸门、船闸闸门及钢筋混凝土闸门埋设件的安装。

2. 主要工作内容

(1)基础埋设。

（2）主轨、反轨、侧轨、底槛、门楣、胸墙、弧形门支座、水封座板、护角侧导板、锁定及其他埋设件等安装。

3.定额按垂直安装计算,如在倾斜≥10°位置时,人工费乘以1.2系数。

七、小型铸铁闸门

1.本节定额适用于小型(矩形及圆形)铸铁闸门安装。以闸门面积为计量单位。

2.主要工作内容

（1）门槽、门框及闸门行走轨道安装。

（2）定轮、滑块装置安装。

（3）止水装置及附件安装。

（4）闸门杆和轴承架安装。

（5）闸门启闭试验。

八、闸门压重物

1.本节定额适用于铸铁、混凝土块及其他材料的闸门压重物安装。

2.主要工作内容包括闸门压重物及附件安装。

3.压重物装入闸门实腹梁格内时,安装费应乘以1.2系数。

九、拦污栅

1.本节定额包括拦污栅栅体及栅槽的安装。

2.主要工作内容

（1）栅体安装包括栅体、吊杆和附件安装。

（2）栅槽安装包括栅槽校正和安装。

十、除污机

1.本节定额适用于固定式和移动式拦污栅除污机安装。以"台"为计量单位,固定式按"单宽"选用子目。

2.主要工作内容

（1）机座安装、固定,轨道安装。

（2）机体组装及附件安装。

（3）联轴器及皮带安装。

（4）配套电动机及电气部门安装。

（5）试运转。

十一、小型金属结构

本节定额适用于机电安装工程中每件小于 0.5t 的金属结构制作及安装。

（1）制作包括材料搬运、下料、组装、焊接、除锈、刷漆。

（2）安装包括就位、找正、固定和刷漆等。

十二、闸门喷锌

1. 本节定额适用于闸门及金属结构喷锌。

2. 主要工作内容

（1）喷砂除锈包括备砂、运砂、筛砂、烘砂、装砂、喷砂、砂子回收、现场清理及机具处理。

（2）喷锌包括运料、锌丝脱脂、清洗、试喷、机具处理。

（3）涂刷封闭漆两遍。

十一-1 平板焊接闸门

单位:t

项目	单位	每扇闸门自重 (t)							
		≤3	≤5	≤10	≤20	≤30	≤50	≤70	≤100
人工	工时	110	106	100	98	88	88	88	88
钢板	kg	4.2	3.8	3.8	4.2	3.7	3.3	2.6	3.2
氧气	m³	2.1	2.1	2.1	2.3	2.3	2.6	3.7	3.7
乙炔气	m³	0.9	0.9	0.8	1.1	0.8	1.2	1.6	1.6
电焊条	kg	2.1	2.1	3.7	3.7	4.2	5.3	7.4	8.6
黄油	kg	0.2	0.2	0.2	0.2	0.2	0.2	0.2	0.2
油漆	kg	3.2	3.2	2.9	2.6	2.1	2.1	2.1	2.1
其他材料费	%	16	16	16	16	16	16	16	16
桅杆式起重机 5t	台时	3.0	3.7	4.1					
桅杆式起重机 10t	台时				3.6	3.8			
桅杆式起重机 25t	台时						2.4	2.4	2.4
卷扬机 5t	台时	2.4	3.0	3.9	4.6	4.0	3.6	3.2	2.8
电焊机 20~30kVA	台时	2.4	3.0	3.9	4.6	6.2	8.6	9.3	10.7
摇臂钻床 Φ20~Φ35mm	台时	2.4	1.6	1.6	1.6	1.6	1.0	0.8	0.8
其他机械费	%	5	5	5	5	5	5	5	5
定额编号		11001	11002	11003	11004	11005	11006	11007	11008

十一—2 平板拼接闸门

项目	单位	每扇闸门自重(t)							
		≤3	≤5	≤10	≤20	≤30	≤50	≤70	≤100
人工	工时	113	112	111	108	103	93	84	83
钢板	kg	4.2	4.2	3.7	3.7	3.2	3.2	3.2	3.2
氧气	m³	2.6	2.1	2.1	1.9	1.6	1.6	1.6	1.6
乙炔气	m³	1.2	0.9	0.9	0.8	0.7	0.7	0.7	0.7
电焊条	kg	2.1	2.1	2.1	2.0	1.6	1.6	1.6	1.7
黄油	kg	0.3	0.2	0.2	0.2	0.2	0.2	0.1	0.1
油漆	kg	3.2	3.2	2.9	2.7	2.6	2.1	2.1	2.1
其他材料费	%	10	10	10	10	10	10	10	10
桅杆式起重机 5t	台时	5.5	5.4	5.3	5.0				
桅杆式起重机 10t	台时					4.0	4.0		
桅杆式起重机 25t	台时							2.4	2.5
卷扬机 5t	台时							1.2	1.2
电焊机 20~30kVA	台时	2.0	1.8	1.8	1.8	1.8	1.7	1.4	1.4
摇臂钻床 Φ20~Φ35mm	台时	0.8	0.8	0.8	0.8	0.8	0.8	0.8	0.8
其他机械费	%	3	3	3	3	3	3	3	3
定额编号		11009	11010	11011	11012	11013	11014	11015	11016

十一—3 弧形闸门

单位:t

项　目	单位	每孔闸门自重(t)							
		≤5	≤10	≤20	≤30	≤40	≤60	≤80	≤100
人工　工时	工时	143	138	131	122	115	106	92	79
钢板	kg	21.0	21.0	21.0	20.5	20.5	20.0	19.4	18.9
氧气	m³	4.2	4.2	4.0	4.0	3.8	3.6	3.4	3.2
乙炔气	m³	1.8	1.8	1.8	1.8	1.7	1.6	1.5	1.4
电焊条	kg	10.5	10.5	10.7	10.8	10.8	11.1	11.2	11.2
黄油	kg	1.1	1.1	1.1	0.8	0.8	0.7	0.7	0.7
油漆	kg	3.2	3.2	2.6	2.1	1.9	1.5	1.2	1.1
其他材料费	%	16	16	16	16	16	16	16	16
桅杆式起重机 10t	台时	4.4	4.4	4.0	3.7	3.6	0.8	0.8	0.6
桅杆式起重机 25t	台时						1.4		
桅杆式起重机 40t	台时							1.0	1.0
卷扬机 5t	台时						1.2	1.2	0.8
电焊机 20~30kVA	台时	15.8	15.8	15.8	15.8	15.8	15.8	15.0	14.2
摇臂钻床 Φ20~Φ35mm	台时	1.6	0.8	0.8	0.8	0.8	0.8	0.8	0.8
其他机械费	%	5	5	5	5	5	5	5	5
定额编号		11017	11018	11019	11020	11021	11022	11023	11024

十一—4 单扇船闸闸门

单位:t

项目	单位	每扇闸门自重 (t)							
		≤5	≤10	≤20	≤30	≤40	≤60	≤80	≤100
人工	工时	180	159	142	138	134	127	119	112
钢板	kg	4.2	4.2	4.2	4.2	4.2	4.2	4.2	7.4
氧气	m³	2.1	2.1	2.1	2.1	2.1	2.6	3.7	3.7
乙炔气	m³	0.9	0.9	0.9	0.9	0.9	1.2	1.6	1.6
电焊条	kg	3.7	3.7	3.7	3.8	3.9	4.1	4.2	4.4
汽油	kg	3.2	2.6	2.6	2.6	2.1	2.1	2.1	1.9
黄油	kg	1.6	1.4	1.1	1.1	1.1	0.9	0.8	0.7
油漆	kg	2.6	2.1	2.1	2.1	2.1	2.1	2.1	2.1
其他材料费	%	19	19	19	19	19	19	19	19
桅杆式起重机 10t	台时	3.8	3.8	3.8					
桅杆式起重机 25t	台时				3.0	2.8			
桅杆式起重机 40t	台时						2.8	3.2	3.2
卷扬机 5t	台时					1.6	1.6	1.6	3.2
电焊机 20～30kVA	台时	5.2	5.2	5.2	5.2	5.2	5.6	5.6	5.6
摇臂钻床 Φ20～Φ35mm	台时	4.0	4.0	4.0	4.0	3.2	3.2	2.4	2.4
其他机械费	%	3	3	3	3	3	3	3	3
定额编号		11025	11026	11027	11028	11029	11030	11031	11032

十一—5 双扇船闸闸门

单位:t

项 目		单位	每套闸门自重(t)									
			≤20	≤40	≤60	≤80	≤100	≤120	≤160	≤200
人	工	工时	178	146	137	132	133	134	135	136
钢	板	kg	12.0	12.5	13.0	13.5	14.1	14.6	15.5	17.1
氧	气	m³	3.2	3.2	4.2	4.7	5.3	5.8	6.8	7.4
乙 快	气	m³	1.4	1.4	1.8	2.1	2.3	2.5	2.9	3.2
电 焊	条	kg	5.3	5.5	5.8	6.3	6.8	7.4	8.4	9.5
汽	油	kg	0.6	0.6	0.6	0.6	0.6	0.5	0.5	0.5
黄	油	kg	0.2	0.2	0.2	0.2	0.2	0.2	0.2	0.2
油	漆	kg	2.1	2.1	2.1	2.1	2.1	2.1	2.1	2.1
其他材料费		%	18	18	18	18	18	18	18	18
桅杆式起重机	10t	台时	4.0	5.6	5.6	5.6				
桅杆式起重机	25t	台时					4.0	4.0	4.0	4.0
桅杆式起重机	40t	台时								
卷 扬 机	5t	台时		4.0	4.0	4.0	4.0	4.0	4.0	4.0
电 焊 机	20~30kVA	台时	5.9	6.2	7.8	8.6	8.6	9.4	9.4	11.8
摇臂钻床	Φ20~Φ35mm	台时	4.0	4.0	4.0	4.0	4.0	4.0	2.4	2.4
其他机械费		%	3	3	3	3	3	3	3	3
定额编号			11033	11034	11035	11036	11037	11038	11039	11040

十一—6 闸门埋设件

单位:t

项　目	单位	每套闸门埋件重（t）								
		≤3	≤5	≤10	≤20	≤30	≤40	≤50	≤60
人　　工	工时	172	170	166	156	152	153	153	153
钢　　板	kg	14.7	14.7	13.7	13.7	13.7	13.1	13.1	12.6
氧　　气	m³	10.5	10.5	10.5	10.0	9.5	8.9	8.4	8.4
乙　炔　气	m³	4.5	4.5	4.5	4.3	4.1	3.9	3.7	3.7
电　焊　条	kg	13.1	12.6	12.6	12.1	11.6	11.6	11.6	11.6
汽　　油	kg	2.1	2.1	2.1	2.1	2.1	2.1	2.1	1.6
油　　漆	kg	2.1	2.1	2.1	2.1	2.1	2.1	2.1	2.1
其他材料费	%	16	16	16	16	16	16	16	16
卷　扬　机　5t	台时	22.3	22.3	21.1	20.4	19.1	16.6	12.8	9.6
电　焊　机　20～30kVA	台时	20.6	20.6	19.6	19.6	19.1	18.6	18.6	18.6
其他机械费	%	10	10	10	10	10	10	10	10
定　额　编　号		11041	11042	11043	11044	11045	11046	11047	11048

十一—7 小型铸铁闸门

单位:扇

项　目	单位	每扇闸门面积(m²)						
		0.5	1	1.5	2	2.5	3
人　工	工时	54	87	125	158	251	317
斜　垫　铁	块	6	8	8	10	12	12
平　垫　铁	块	6	8	8	10	12	12
镀锌铁丝	kg	1.9	1.9	1.9	1.9	1.9	1.9
电　焊　条	kg	0.3	0.4	0.5	0.5	1.0	1.0
氧　　气	m³	0.8	0.9	1.0	1.0	1.1	1.1
乙　炔　气	m³	0.3	0.4	0.4	0.4	0.5	0.5
机　　油	kg	0.2	0.3	0.3	0.4	0.4	0.5
黄　　油	kg	0.6	0.8	0.9	0.1	1.0	1.1
木　　材	m³	0.01	0.02	0.03	0.03	0.03	0.03
其他材料费	%	20	20	20	20	20	20
汽车起重机 5t	台时	2.9	3.9	5.9	6.8	7.8	8.8
卷　扬　机 5t	台时	0.7	0.8		9.8	11.7	13.7
电　焊　机 20~30kVA	台时			1.0	1.0	1.4	1.4
其他机械费	%	5	5	5	5	5	5
定　额　编　号		11049	11050	11051	11052	11053	11054

十一 –8　闸门压重物

项　　目	单位	每件压重物自重（t）		
		≤0.1	≤0.5	≤1
人　　工	工时	16	15	14
零星材料费	%	15	15	15
汽车起重机　汽油5t	台时	1.6	1.7	1.8
定　额　编　号		11055	11056	11057

十一 - 9 拦污栅

项　目	单位	每套栅槽自重(t)			每片栅体自重(t)		
		≤2	≤5	≤10	≤2	≤5	≤10
人　工	工时	159	146	133	43	34	26
型　钢	kg	42.0	38.9	36.8			
氧　气	m³	9.5	8.4	7.4			
乙　炔　气	m³	4.1	3.7	3.2			
电　焊　条	kg	16.8	14.7	12.6			
油　漆	kg	2.1	2.1	2.1			
其他材料费	%	15	15	15			
汽车起重机　汽油5t	台时	3.0	3.0	3.0	3.0	2.5	2.4
电　焊　机　20~30kVA	台时	23.8	19.8	15.8			
其他机械费	%	15	15	15	10	10	10
定　额　编　号		11058	11059	11060	11061	11062	11063

十一 - 10 除污机

单位:台

项 目	单位	固 定 式(单宽:m)			移动式
		2	3	4	
人 工	工时	468	557	743	409
斜 垫 铁	块	10	10	14	
平 垫 铁	块	5	5	7	
电 焊 条	kg	2.6	3.1	3.6	1.5
汽 油	kg	1.2	1.5	2.0	1.5
煤 油	kg	4.1	5.1	7.1	5.1
机 油	kg	1.6	2.1	4.2	2.6
黄 油	kg	4.6	6.1	8.2	8.2
木 材	m³	0.06	0.07	0.09	0.10
其他材料费	%	30	30	30	30
汽车起重机 5t	台时	6.8	7.8	19.1	9.3
卷 扬 机 5t	台时	8.8	9.3	12.7	13.7
交流电焊机 50kVA	台时	12.7	13.2	17.1	4.9
其他机械费	%	5	5	5	5
定 额 编 号		11064	11065	11066	11067

十一 –11 小型金属结构制作安装

单位:t

项　　目	单位	每件自重(kg)	
		≤50	≤300
人　　工	工时	269	246
氧　　气	m³	25.2	28.9
乙　炔　气	m³	10.9	12.5
电　焊　条	kg	52.5	29.2
汽　　油	kg	6.3	3.2
油　　漆	kg	21.0	7.4
其他材料费	%	15	15
型　　钢	kg	(1050)	(1050)
电　焊　机　20~30kVA	台时	59.8	43.5
立式钻床　Φ13mm	台时	12.0	8.0
剪　板　机　20×2000mm	台时	5.6	2.4
汽车起重机　汽油5t	台时		1.6
定额编号		11068	11069

十一 - 12 闸门喷锌

单位:10m²

项　　目	单位	船闸闸门	弧形闸门	平板闸门	金属结构 (10t)
人　　工	工时	71	82	74	528
氧　　气	m³	8.4	8.8	9.6	76.7
乙　炔　气	m³	3.7	3.8	4.2	33.5
锌　　丝	kg	21.0	22.0	21.4	171.4
环氧富锌漆	kg	4.9	5.3	5.1	40.8
石　英　砂	m³	0.6	0.6	0.6	4.9
其他材料费	%	20	20	20	20
桅杆式起重机 10t	台时	1.0	1.0	1.0	7.8
空 压 机 9m³/min	台时	6.8	7.8	6.8	54.8
鼓 风 机 18m³/min	台时	5.9	6.8	5.9	47.0
喷锌系统	台时	2.9	3.4	2.9	23.5
喷砂系统	台时	4.9	6.1	4.9	39.1
其他机械费	%	15	15	15	15
定额编号		11070	11071	11072	11073

第十二章

压力钢管制作及安装

说　明

一、本章包括一般钢管与叉管的制作及安装,共四节,适用于水利水电工程中暗设或明设的压力钢管管道工程。

二、本章定额以"t"为计量单位,按钢管直径和壁厚选用。计算钢管重量时应包括钢管本体和加劲环的重量。

三、一般钢管定额已按直管、弯管考虑。叉管定额用于叉管中叉管及方叉管管节部分,叉管段中其他管节部分(如直管、弯管)仍应按一般钢管定额计算。

四、本章定额包括工地加工厂到安装现场的短距离机械运输、装卸费用。若地形复杂,运输距离较远,其运输费用可另计。

五、本章定额包括安装过程中所需临时支承及固定钢管临时拉筋的制作及安装费。

六、本章定额不包括钢管热处理和喷锌费用。

七、主要工作内容

1. 钢管制作

(1)钢管制作、透视检验及处理。

(2)钢管内外除锈、涂漆。

(3)加劲环和拉筋制作。

(4)灌浆孔丝堵和补强板制作、开灌浆孔、焊补强板。

(5)支架制作。

2. 钢管安装

(1)钢管安装、透视检验及处理。

(2)支架和拉筋安装。

(3)灌浆孔封堵。

(4)焊疤铲除。

(5)清扫、涂漆。

十二－1－1 压力钢管一般钢管制作

单位:t

项目	单位	内径≤0.5m 壁厚(mm)		内径≤0.7m 壁厚(mm)		内径≤1m 壁厚(mm)		
		≤10	≤16	≤10	≤16	≤10	≤16	≤22
人工	工时	358	257	330	237	299	215	179
型钢	kg	94.5	80.5	87.9	74.9	79.7	67.9	58.2
氧气	m³	11.1	8.4	10.7	8.0	10.2	7.7	6.5
乙炔气	m³	4.8	3.7	4.6	3.5	4.4	3.4	2.8
电焊条	kg	34.7	36.6	32.1	33.9	27.9	29.6	31.2
油漆	kg	11.6	6.1	11.3	6.0	11.1	5.9	4.1
探伤材料	张	18.1	9.6	14.7	7.8	12.9	6.9	4.9
石英砂	m³	1.3	0.8	1.3	0.8	1.3	0.8	0.6
其他材料费	%	25	25	25	25	25	25	25
龙门式起重机 10t	台时	5.1	3.7	4.9	3.5	4.5	3.3	2.7
剪板机 20×4000mm	台时	1.4	1.1	1.3	1.0	1.1	0.9	0.7
刨边机 12m	台时	1.8	1.3	1.6	1.1	1.4	1.0	0.8
卷板机 22×3500mm	台时	5.1	3.7	4.9	3.5	4.5	3.3	2.7
卷板机 50×3000mm	台时	53.4	55.7	49.3	51.2	42.7	44.5	46.2
电焊机 20~30kVA	台时	9.5	6.3	9.3	6.2	9.3	6.1	4.7
电动移动空压机 6m³/min	台时	9.0	6.0	8.9	5.9	8.8	5.8	4.4
鼓风机 ≤18m³/min	台时	13.6	6.9	11.1	5.6	10.0	5.0	3.4
超声波探伤机 CTS-22	台时	15	15	15	15	15	15	15
其他机械费	%	15	15	15	15	15	15	15
定额编号		12001	12002	12003	12004	12005	12006	12007

项目	单位	内径≤2m 壁厚(mm)					内径≤3m 壁厚(mm)				
		≤10	≤16	≤22	≤30	≤38	≤10	≤16	≤22	≤30	≤38
人工 工	工时	217	172	143	128	115	196	154	129	115	104
型钢	kg	52.1	46.8	40.1	32.4	27.2	46.9	42.2	36.1	29.3	24.6
氧气	m³	8.5	7.0	6.0	5.5	4.8	8.2	6.8	5.8	5.1	4.6
乙炔气	m³	3.7	3.0	2.6	2.3	2.1	3.6	2.9	2.5	2.2	2.0
电焊条	kg	26.1	27.2	28.7	30.6	33.1	24.0	25.0	26.4	28.1	30.3
油漆	kg	8.4	5.8	4.1	2.9	2.2	8.4	5.8	4.1	2.9	2.2
探伤材料	张	9.1	6.8	4.5	3.5	2.5	8.2	5.7	4.0	3.0	2.4
石英砂	m³	1.0	0.7	0.6	0.4	0.3	1.0	0.7	0.5	0.4	0.3
其他材料费	%	25	25	25	25	25	25	25	25	25	25
龙门式起重机 10t	台时	3.4	2.7	2.2	1.8	1.6	2.9	2.3	1.9	1.6	1.4
剪板机 20×4000mm	台时	0.8	0.7	0.6	0.4	0.3	0.7	0.6	0.5	0.4	0.2
刨边机 12m	台时	1.1	0.9	0.7	0.6	0.5	1.0	0.8	0.6	0.6	0.4
卷板机 22×3500mm	台时	3.4	2.7	2.2			2.9	2.3	1.9		
卷板机 50×3000mm	台时				1.0	0.8				0.8	0.6
电焊机 20~30kVA	台时	39.1	40.3	41.8	43.7	46.2	35.4	36.5	37.8	39.6	41.8
电动移动空压机 6m³/min	台时	7.8	6.0	4.5	3.2	2.1	7.7	5.9	4.5	3.1	2.1
鼓风机 ≤18m³/min	台时	7.3	5.7	4.2	3.0	2.1	7.2	5.5	4.1	3.0	2.1
超声波探伤机 CTS-22	台时	6.8	4.5	3.0	2.3	1.9	6.1	4.1	2.8	2.2	1.8
其他机械费	%	15	15	15	15	15	15	15	15	15	15
定额编号		12008	12009	12010	12011	12012	12013	12014	12015	12016	12017

项目	单位	内径≤4m 壁厚(mm)					内径≤5m 壁厚(mm)				
		≤10	≤16	≤22	≤30	≤38	≤10	≤16	≤22	≤30	≤38
人工	工时	180	142	118	106	95	167	133	110	99	89
型钢	kg	44.7	40.2	34.4	27.9	23.4	43.7	39.3	33.7	27.3	22.9
氧气	m³	7.7	6.7	5.5	4.8	4.3	7.2	6.0	5.1	4.6	4.1
乙炔气	m³	3.4	2.9	2.3	2.1	1.9	3.2	2.6	2.2	2.0	1.8
电焊条	kg	22.3	23.1	24.4	26.0	28.1	19.6	20.4	21.4	22.9	24.8
油漆	kg	8.2	5.7	4.0	2.9	2.2	8.1	5.6	3.9	2.8	2.2
探伤材料	张	7.6	5.4	3.8	2.7	2.3	6.9	4.8	3.4	2.5	2.0
石英砂	m³	1.0	0.7	0.5	0.4	0.2	1.0	0.7	0.5	0.4	0.2
其他材料费	%	25	25	25	25	25	25	25	25	25	25
龙门式起重机 10t	台时	2.6	2.1	1.7	1.4	1.3	2.5	2.0	1.7	1.4	1.2
剪板机 20×4000mm	台时	0.6	0.6	0.5	0.3	0.2	0.6	0.6	0.4	0.3	0.2
刨边机 12m	台时	1.0	0.7	0.6	0.5	0.4	0.9	0.7	0.6	0.5	0.3
卷板机 22×3500mm	台时	2.6	2.1	1.7			2.5	2.0	1.7		
卷板机 50×3000mm	台时				0.7	0.6				0.6	0.6
电焊机 20~30kVA	台时	32.2	33.1	34.4	36.1	38.1	27.9	28.7	29.8	31.2	32.9
电动移动空压机 6m³/min	台时	7.3	5.7	4.3	3.0	2.0	7.2	5.5	4.1	3.0	1.9
鼓风机 ≤18m³/min	台时	6.9	5.3	4.0	2.9	2.0	6.6	5.1	3.8	2.7	1.9
超声波探伤机 CTS-22	台时	5.7	3.8	2.6	2.0	1.6	5.1	3.4	2.3	1.8	1.4
其他机械费	%	15	15	15	15	15	15	15	15	15	15
定额编号		12018	12019	12020	12021	12022	12023	12024	12025	12026	12027

十二-1-2 压力钢管叉管制作

单位:t

项目	单位	内径≤0.5m 壁厚(mm)		内径≤0.7m 壁厚(mm)		内径≤1m 壁厚(mm)		
		≤10	≤16	≤10	≤16	≤10	≤16	≤22
人工	工时	752	539	693	498	628	451	376
型钢	kg	141.8	120.8	131.8	112.3	119.5	101.9	87.3
氧气	m³	16.7	12.6	16.1	12.0	15.3	11.5	9.8
乙炔气	m³	7.2	5.5	6.9	5.2	6.6	5.0	4.3
电焊条	kg	52.0	55.0	48.2	50.9	41.9	44.4	46.8
油漆	kg	17.3	9.1	17.0	9.0	16.7	8.8	6.1
探伤材料	张	27.1	14.3	22.1	11.7	19.4	10.4	7.4
石英砂	m³	2.0	1.2	2.0	1.2	1.9	1.1	0.9
其他材料费	%	25	25	25	25	25	25	25
龙门式起重机 10t	台时	7.7	5.5	7.4	5.3	6.8	4.9	4.1
剪板机 20×4000mm	台时	2.0	1.7	1.9	1.6	1.7	1.3	1.1
刨边机 12m	台时	2.6	1.9	2.4	1.7	2.2	1.6	1.2
卷板机 22×3500mm	台时	7.7	5.5	7.4	5.3	6.8	4.9	4.1
卷板机 50×3000mm	台时							
电焊机 20~30kVA	台时	80.0	83.5	73.9	76.8	64.0	66.8	69.3
电动移动空压机 6m³/min	台时	14.2	9.5	14.0	9.3	13.9	9.2	7.1
鼓风机 ≤18m³/min	台时	13.5	9.0	13.3	8.9	13.2	8.7	6.6
超声波探伤机 CTS-22	台时	20.3	10.3	16.6	8.4	15.0	7.5	5.0
其他机械费	%	15	15	15	15	15	15	15
定额编号		12028	12029	12030	12031	12032	12033	12034

项　目	单位	内径≤2m 壁厚(mm)					内径≤3m 壁厚(mm)				
		≤10	≤16	≤22	≤30	≤38	≤10	≤16	≤22	≤30	≤38
人工	工时	456	360	301	270	242	411	324	271	242	218
型钢　钢	kg	78.1	70.2	60.2	48.7	40.8	70.4	63.3	54.2	43.9	36.9
氧气	m³	12.8	10.6	9.0	8.2	7.2	12.3	10.2	8.7	7.7	6.9
乙炔气	m³	5.5	4.6	3.9	3.5	3.2	5.4	4.4	3.8	3.3	3.0
电焊条	kg	39.2	40.8	43.0	45.8	49.6	36.1	37.5	39.5	42.2	45.5
油漆	kg	12.6	8.7	6.1	4.4	3.3	12.6	8.7	6.1	4.4	3.3
探伤材料	张	13.7	10.2	6.8	5.2	3.8	12.3	8.5	6.0	4.6	3.6
石英砂	m³	1.6	1.1	0.8	0.6	0.4	1.5	1.1	0.8	0.6	0.4
其他材料费	%	25	25	25	25	25	25	25	25	25	25
龙门式起重机 10t	台时	5.0	4.1	3.4	2.8	2.4	4.3	3.5	2.9	2.4	2.0
剪板机 20×4000mm	台时	1.2	1.1	0.8	0.6	0.5	1.1	1.0	0.7	0.6	0.4
刨边机 12m	台时	1.7	1.3	1.1	0.8	0.7	1.4	1.2	1.0	0.8	0.6
卷板机 22×3500mm	台时	5.0	4.1	3.4			4.3	3.5	2.9		
卷板机 50×3000mm	台时				1.4	1.2				1.2	1.0
电焊机 20~30kVA	台时	58.6	60.4	62.7	65.6	69.3	53.1	54.7	56.7	59.5	62.7
电动移动空压机 6m³/min	台时	11.7	9.0	6.8	4.8	3.1	11.5	8.9	6.7	4.7	3.1
鼓风机 ≤18m³/min	台时	11.0	8.5	6.3	4.5	3.1	10.8	8.3	6.2	4.4	3.1
超声波探伤机 CTS-22	台时	10.2	6.8	4.5	3.5	2.9	9.2	6.2	4.2	3.2	2.6
其他机械费	%	15	15	15	15	15	15	15	15	15	15
定额编号		12035	12036	12037	12038	12039	12040	12041	12042	12043	12044

项目	单位	内径≤4m 壁厚(mm)					内径≤5m 壁厚(mm)				
		≤10	≤16	≤22	≤30	≤38	≤10	≤16	≤22	≤30	≤38
人工	工时	378	298	249	223	200	351	278	231	207	186
型钢	kg	67.1	60.3	51.7	41.9	35.1	65.5	58.9	50.6	41.0	34.3
氧气	m³	11.5	10.1	8.2	7.2	6.5	10.9	9.0	7.7	6.9	6.1
乙炔气	m³	5.0	4.4	3.5	3.2	2.8	4.7	3.9	3.3	3.0	2.7
电焊条	kg	33.4	34.7	36.5	39.1	42.2	29.5	30.6	32.1	34.3	37.2
油漆	kg	12.3	8.5	6.0	4.4	3.3	12.1	8.3	5.8	4.3	3.3
探伤材料	张	11.3	8.0	5.7	4.1	3.5	10.4	7.2	5.0	3.8	3.0
石英砂	m³	1.5	1.1	0.8	0.6	0.4	1.5	1.0	0.8	0.6	0.4
其他材料费	%	25	25	25	25	25	25	25	25	25	25
龙门式起重机 10t	台时	3.8	3.1	2.5	2.2	1.9	3.7	3.0	2.5	2.0	1.8
剪板机 20×4000mm	台时	1.0	0.8	0.7	0.5	0.4	0.8	0.8	0.6	0.5	0.2
刨边机 12m	台时	1.4	1.1	1.0	0.7	0.6	1.3	1.1	0.8	0.7	0.5
卷板机 22×3500mm	台时	3.8	3.1	2.5			3.7	3.0	2.5		
卷板机 50×3000mm	台时				1.1	1.0				1.0	0.8
电焊机 20~30kVA	台时	48.3	49.7	51.6	54.1	57.1	41.9	43.1	44.6	46.8	49.4
电动移动空压机 6m³/min	台时	11.0	8.5	6.5	4.5	3.0	10.8	8.3	6.2	4.4	2.9
鼓风机 ≤18m³/min	台时	10.4	8.0	6.0	4.3	3.0	9.9	7.7	5.7	4.1	2.9
超声波探伤机 CTS-22	台时	8.6	5.7	3.8	3.0	2.4	7.7	5.1	3.5	2.6	2.2
其他机械费	%	15	15	15	15	15	15	15	15	15	15
定额编号		12045	12046	12047	12048	12049	12050	12051	12052	12053	12054

十二－2－1　压力钢管一般钢管安装

单位：t

项目	单位	内径≤0.5m 壁厚(mm)		内径≤0.7m 壁厚(mm)		内径≤1m 壁厚(mm)		
		≤10	≤16	≤10	≤16	≤10	≤16	≤22
人工	工时	412	333	376	304	330	266	227
钢板	kg	39.0	29.9	35.0	26.9	31.1	23.9	17.2
型钢	kg	80.0	58.4	74.3	54.3	67.3	49.1	35.9
氧气	m³	9.6	7.1	9.1	6.8	8.7	6.5	5.6
乙炔气	m³	4.1	3.2	4.0	2.9	3.8	2.8	2.4
电焊条	kg	25.1	26.6	23.9	25.3	21.9	23.2	24.5
油漆	kg	4.3	2.4	4.3	2.4	4.1	2.3	1.8
探伤材料	张	7.8	4.1	7.6	4.0	7.5	3.9	2.8
木材	m³	0.3	0.2	0.3	0.2	0.3	0.2	0.1
钢轨	kg	92.6	66.2	87.5	62.5	78.0	55.8	39.6
其他材料费	%	15	15	15	15	15	15	15
汽车起重机 5t	台时	26.6	19.3	25.8	18.7	23.9	17.3	13.5
汽车起重机 10t	台时							
卷扬机 5t	台时	12.2	8.9	11.8	8.5	10.9	7.9	6.1
汽油型载重汽车 5.0t	台时	9.3	6.8	8.7	6.4	7.9	5.8	4.5
柴油型载重汽车 10t	台时							
电焊机 20～30kVA	台时	49.6	51.8	47.1	49.1	42.9	44.7	46.4
超声波探伤机 CTS－22	台时	5.8	3.0	5.7	2.9	5.7	2.8	1.9
其他机械费	%	5	5	5	5	5	5	5
定额编号		12055	12056	12057	12058	12059	12060	12061

项目	单位	内径≤2m 壁厚(mm)					内径≤3m 壁厚(mm)				
		≤10	≤16	≤22	≤30	≤38	≤10	≤16	≤22	≤30	≤38
人工 工时	工时	230	202	173	171	170	198	174	149	149	147
钢板	kg	20.6	17.3	12.2	10.9	10.4	17.7	14.9	10.7	9.3	8.9
型钢	kg	41.7	33.9	24.8	19.3	17.6	37.6	30.6	22.3	17.4	15.9
氧气	m³	7.2	6.0	5.1	4.6	4.1	6.9	5.8	4.9	4.4	4.0
乙炔气	m³	3.2	2.6	2.2	2.0	1.8	3.0	2.5	2.1	1.9	1.7
电焊条	kg	21.1	21.9	23.1	24.8	26.8	20.2	20.9	22.1	23.5	25.5
油漆	kg	3.3	2.3	1.8	1.4	1.2	3.3	2.3	1.8	1.4	1.2
探伤材料	张	5.6	3.9	2.7	2.1	1.7	5.6	3.9	2.7	2.0	1.6
木材	m³	0.2	0.1	0.1	0.1	0.1	0.1	0.1	0.1	0.1	0.0
钢轨	kg	44.9	37.2	26.4	21.5	18.6	41.8	34.5	24.6	20.1	17.3
其他材料费	%	15	15	15	15	15	15	15	15	15	15
汽车起重机 汽油5t	台时	15.2	12.2	9.5	8.1	7.7	11.8	9.4	7.3	4.1	3.8
汽车起重机 柴油10t	台时										
卷扬机 5t	台时	7.0	5.6	4.4	3.7	3.5	5.4	4.3	3.4	2.9	2.7
汽油型载重汽车 5.0t	台时	5.2	4.1	3.2	2.6	2.1	4.0	3.2	2.5		
柴油型载重汽车 10t	台时									1.0	0.9
电焊机 20~30kVA	台时	40.5	41.6	43.3	45.5	48.0	38.1	39.1	40.6	42.5	45.0
超声波探伤机 CTS－22	台时	4.1	2.8	1.8	1.4	1.2	4.1	2.8	1.8	1.4	1.2
其他机械费	%	5	5	5	5	5	5	5	5	5	5
定额编号		12062	12063	12064	12065	12066	12067	12068	12069	12070	12071

项 目		单位	内径≤4m 壁厚（mm）					内径≤5m 壁厚（mm）				
			≤10	≤16	≤22	≤30	≤38	≤10	≤16	≤22	≤30	≤38
人工		工时	182	160	137	137	135	175	154	131	129	129
钢板		kg	16.5	13.9	10.0	8.7	8.3	15.5	13.0	9.3	8.2	7.8
型钢		kg	35.9	29.2	21.3	16.6	15.2	35.0	28.5	20.8	16.2	14.8
氧气		m³	6.5	5.5	4.6	4.1	3.7	6.2	5.1	4.3	3.9	3.5
乙炔气		m³	2.8	2.3	2.0	1.8	1.6	2.6	2.2	1.9	1.7	1.6
电焊条		kg	19.2	20.0	21.1	22.6	24.4	18.1	18.7	19.7	21.1	22.8
油漆		kg	3.0	2.2	1.7	1.3	1.1	2.9	2.1	1.6	1.3	1.1
探伤材料		张	5.5	3.8	2.6	2.0	1.6	5.3	3.7	2.6	2.0	1.5
木材		m³	0.1	0.1	0.0	0.0	0.0	0.0	0.0	0.0	0.0	0.0
钢轨		kg	40.5	33.5	23.7	19.4	16.8	38.6	31.9	22.7	18.5	16.0
其他材料费		%	15	15	15	15	15	15	15	15	15	15
汽车起重机 5t		台时	9.5	7.6	5.9			8.4	6.7			
汽车起重机 10t		台时										
卷扬机 5t		台时	4.3	3.4	2.7	3.3	3.1	3.9	3.1	3.4	2.9	2.7
汽油型载重汽车 5.0t		台时	3.3	2.6	2.0	2.2	2.2	2.9	2.3	2.4	2.1	2.0
柴油型载重汽车 10t		台时										0.6
电焊机 20~30kVA		台时	35.7	36.7	38.3	40.1	42.2	33.0	33.8	35.1	36.9	38.9
超声波探伤机 CTS-22		台时	4.1	2.7	1.8	1.4	1.1	3.9	2.6	1.8	1.4	1.1
其他机械费		%	5	5	5	5	5	5	5	5	5	5
定额编号			12072	12073	12074	12075	12076	12077	12078	12079	12080	12081

十二－2　压力钢管叉管安装

单位：t

项 目	单位	内径≤0.5m 壁厚(mm)		内径≤0.7m 壁厚(mm)		内径≤1m 壁厚(mm)		
		≤10	≤16	≤10	≤16	≤10	≤16	≤22
人 工	工时	897	725	819	662	718	579	494
钢 板	kg	77.9	59.9	69.9	53.8	62.2	47.9	34.4
型 钢	kg	160.0	116.8	148.7	108.6	134.6	98.3	71.8
氧 气	m³	19.1	14.3	18.3	13.7	17.4	13.0	11.1
乙 炔 气	m³	8.2	6.3	8.0	5.9	7.6	5.7	4.8
电 焊 条	kg	50.2	53.1	47.9	50.6	43.9	46.4	48.9
油 漆	kg	8.6	4.8	8.6	4.8	8.2	4.6	3.6
探 伤 材 料	张	15.5	8.2	15.1	8.0	14.9	7.8	5.7
木 材	m³	0.7	0.4	0.6	0.4	0.6	0.4	0.3
钢 轨	kg	185.2	132.3	174.9	125.0	156.0	111.5	79.2
其他材料费	%	15	15	15	15	15	15	15
汽车起重机 5t	台时	53.3	38.6	51.5	37.3	47.7	34.6	27.0
汽车起重机 10t	台时							
卷 扬 5t	台时	24.4	17.7	23.6	17.1	21.9	15.8	12.3
汽油型载重汽车 5.0t	台时	18.5	13.6	17.4	12.8	15.8	11.6	8.9
柴油型载重汽车 10t	台时							
电 焊 机 20～30kVA	台时	99.2	103.6	94.2	98.2	85.8	89.4	92.9
超声波探伤机 CTS－22	台时	11.6	5.9	11.3	5.7	11.3	5.6	3.8
其他机械费	%	5	5	5	5	5	5	5
定额编号		12082	12083	12084	12085	12086	12087	12088

项目	单位	内径≤2m 壁厚(mm)					内径≤3m 壁厚(mm)				
		≤10	≤16	≤22	≤30	≤38	≤10	≤16	≤22	≤30	≤38
人工	工时	517	455	389	382	381	445	391	335	330	330
钢板	kg	41.2	34.7	24.4	21.8	20.8	35.5	29.8	21.4	18.7	17.9
型钢	kg	83.4	67.8	49.6	38.6	35.3	75.2	61.1	44.5	34.9	31.7
氧气	m³	14.5	12.0	10.3	9.2	8.2	13.9	11.6	9.9	8.8	8.0
乙炔气	m³	6.3	5.3	4.4	4.0	3.6	6.1	5.0	4.2	3.8	3.4
电焊条	kg	42.2	43.9	46.2	49.6	53.6	40.3	41.8	44.1	47.0	51.0
油漆	kg	6.5	4.6	3.6	2.7	2.3	6.5	4.6	3.6	2.7	2.3
探伤材料	张	11.1	7.8	5.5	4.2	3.4	11.1	7.8	5.5	4.0	3.2
木材	m³	0.4	0.3	0.2	0.1	0.1	0.2	0.2	0.1	0.1	0.1
钢轨	kg	89.9	74.3	52.7	43.1	37.2	83.6	69.1	49.1	40.1	34.7
其他材料费	%	15	15	15	15	15	15	15	15	15	15
汽车起重机 5t	台时	30.5	24.4	19.0	16.1	15.3	23.6	18.8	14.7		
汽车起重机 10t	台时									8.1	7.7
卷扬机 5t	台时	14.0	11.2	8.8	7.3	7.0	10.8	8.6	6.7	5.7	5.4
汽油型载重汽车 5.0t	台时	10.4	8.3	6.4	5.1	4.1	8.0	6.4	4.9		
柴油型载重汽车 10t	台时									2.1	1.8
电焊机 20~30kVA	台时	81.0	83.3	86.5	90.9	95.9	76.2	78.1	81.2	85.0	90.0
超声波探伤机 CTS-22	台时	8.3	5.6	3.7	2.9	2.4	8.3	5.6	3.7	2.9	2.4
其他机械费	%	5	5	5	5	5	5	5	5	5	5
定额编号		12089	12090	12091	12092	12093	12094	12095	12096	12097	12098

项目	单位	内径≤4m 壁厚(mm)					内径≤5m 壁厚(mm)				
		≤10	≤16	≤22	≤30	≤38	≤10	≤16	≤22	≤30	≤38
人工	工时	409	359	308	305	303	394	347	295	290	290
钢板	kg	33.0	27.7	20.0	17.4	16.6	31.1	26.0	18.7	16.4	15.5
型钢	kg	71.8	58.4	42.6	33.2	30.5	69.9	56.9	41.6	32.3	29.6
氧气	m³	13.0	10.9	9.2	8.2	7.4	12.4	10.3	8.6	7.8	6.9
乙炔气	m³	5.7	4.6	4.0	3.6	3.2	5.3	4.4	3.8	3.4	3.2
电焊条	kg	38.4	39.9	42.2	45.2	48.7	36.1	37.4	39.5	42.2	45.6
油漆	kg	6.1	4.4	3.4	2.5	2.1	5.9	4.2	3.2	2.5	2.1
探伤材料	张	10.9	7.6	5.3	4.0	3.2	10.5	7.4	5.3	4.0	2.9
木材	m³	0.1	0.1	0.1	0.1	0.0	0.1	0.1	0.0	0.0	0.0
钢轨	kg	81.1	67.0	47.5	38.9	33.6	77.3	63.8	45.4	37.0	31.9
其他材料费	%	15	15	15	15	15	15	15	15	15	15
汽车起重机 5t	台时	19.0	15.2	11.8			16.8	13.4			
汽车起重机 10t	台时				6.5	6.2			6.9	5.7	5.4
卷扬机 5t	台时	8.6	6.9	5.4	4.5	4.3	7.8	6.2	4.8	4.1	4.0
汽油型载重汽车 5.0t	台时	6.5	5.3	4.0			5.7	4.6			
柴油型载重汽车 10t	台时				1.8	1.4			1.9	1.6	1.3
电焊机 20~30kVA	台时	71.4	73.3	76.6	80.2	84.4	66.1	67.6	70.3	73.7	77.7
超声波探伤机 CTS-22	台时	8.1	5.4	3.7	2.7	2.2	7.8	5.3	3.5	2.7	2.2
其他机械费	%	5	5	5	5	5	5	5	5	5	5
定额编号		12099	12100	12101	12102	12103	12104	12105	12106	12107	12108